猴 面 包 树

LÂCHER PRISE AVEC SCHOPENHAUER CÉLINE BELLOQ

与叔本华一起穿越痛苦

[法] 塞利娜·贝洛克 著　秦庆林 译

上海三联书店

目录

使用

方法

　　这是本哲学书，又不同于其他哲学书。哲学的目标一直以来都是通过揭示我们是谁来完善我们的生活，然而大部分哲学著作主要对真理问题感兴趣，哲学家费尽心思构建理论基础，反而对实际应用兴趣索然。我们反其道而行之，将把关注重点放在从一种伟大的哲学中我们能够学到什么以改变我们的生活：我们日常生活中的细枝末节，比如我们如何看待自己的生活和我们赋予它的意义。

　　但是，我们不能不知行合一，幸福和自我实现彼此需要而且值得深思。我们努力避免像某些个人发展手册那样讨巧和肤浅，满足于提供一些小窍门。新的行为方式和生活方式一直都是以一种新的思维和自我认识方法为前提的。我们将会因此发现有时令人眩晕的思想的乐趣，往往这种思想本身就已经改变了我们的生活。

　　这就是为什么在建议读者自我反省之前，我们先邀请他就一些概念展开思考。我们必须首先框定自己的问题，然后借助新的理论分析，最后通过具体的行动解决。只有改变了思考、感觉和行动方式，我们才能就生活更广阔的范围及其意义进行自我反省。这就是该系列丛书中的每本书都被分成四个大的部分、遵循相似的路径展开的原因。

一、症状和诊断

首先，我们要确定需解决的问题：我们为什么痛苦？是什么决定了人类的处境？如何准确理解我们的迷惘和幻觉？找准问题是迈向解决问题的第一步。

二、理解之匙

哲学带来什么新的东西照亮了我们的理解？我们应该在哪些地方彻底改变自己的观念以把握生活？这里，我们会引导读者接触哲学家最富有创意的思想，这将帮助他们用崭新的视角来看待自我。

三、行动方案

这种对人的新认知是如何改变我们行动和生活方式的？怎样在日常生活中把我们的新哲学付诸实践？我们的新思想如何改变我们的行为，行为又如何改变了我们之所是？读者将在这里找到一些日常实践的方案。

四、一种存在意义观

我们将在最后这部分介绍哲学家更形而上学、更具思辨的论断。如果读者现在已经学会了更好地掌控自己的日常生活，剩下的就是去发现一个更整体的意义以指导他的经验。所以，前面章节都在教读者一些如何活得更好的方法、手段，而最后这部分他将要面对生命的目标问题、生存的终极目的论。没有一种整体的、形而上学的世界观和对人在世界中的位置的认识，这个问题是没有办法确定的。

这不仅是一本可读的书，还是一本可做的书。每个章节都准备了一些跟你生活相关的详细问题。请不要被动回答，而是要卷起袖子反思你的过往，从中得到一些诚实中肯的答案。具体练习将引导你在生活中践行哲人的教诲。同样地，你可以努力把它们化为己用，找到合适时机严肃认真地实践。

你准备好开始这趟旅程了吗？旅途有时枯燥无味，有时令人不适，很可能令你大跌眼镜。你准备好感受失衡的自己，用一种崭新的思维方式和生活方式投入生活中去吗？这段穿越一个十九世纪哲人思想的旅程将让你见证最深刻的自己。那么，就随着书页的翻动，沿着问题和思想的轨迹，去发现叔本华的思想是如何重塑你的生活吧。

敬告

读者

既然按照柏拉图的说法，哲学是"灵魂的医学"，那么所有的哲学书都有责任提醒读者阅读本书可能会带来的副作用。叔本华的哲学既是一剂猛药，也是一剂苦药，会让很多人难以承受。在叔本华描绘的极度黑暗的生之炼狱面前，某些脆弱或过于幼稚的灵魂甚至会感到迷惘失措、备受打击，甚至绝望无助。他们或许受不了而在中途放弃阅读，甚至自我了断（这可是叔本华最不赞成的事）。

其实，他们只有坚持治疗，才能明白尽管叔本华以一种淋漓的方式描绘了生命的残酷与荒谬，其目的是让我们有办法摆脱最盲目的幻觉，超脱最无谓的执着和最令人昏昏的情欲。叔本华向我们展示了失落和心灵痛苦的虚妄、烦恼的可笑以及对美好憧憬的虚荣，减轻了存在加之于我们身上碾压式的重负：与其说存在是一场悲剧，毋宁说它是一场喜剧——当然是黑色的——一个巨大的玩笑，虽然口感并不总是很好，却仍然能令人捧腹。

叔本华就这样为我们指出了最有效、最令人振奋的疗愈之路——看破。除了学会不再执着于自我、痛苦和焦虑，还有什么更好地"放下"的方法吗？

第一章

症状和诊断

活　　着　　，　　就　　是　　受　　苦

"任何一部生活史也是一部痛苦史"[1]

在叔本华看来，生活是一场战斗，而我们都将战死沙场。胜利罕有，但负伤的机会常有。我们为了躲避最显而易见的打击，左右腾挪，以至于看不到自己处境的惨烈程度。

人们可以以一个人一生中所遭遇到的痛苦为素材来撰写此人的历史——由生至死，而不是按照时间顺序罗列他曾经做过的事。这份"痛苦史"或许更有意义！

可是我们究竟为何痛苦呢？这是我们每一个人都应该向自己提出的首要问题。

正当的痛苦

可叹的是，痛苦的理由随处可见：疾病，衰老，金钱或友情上的损失，缺少的资源，紧张，如影随形的就业压力，伴侣、孩子的不理解，等等。只是人们觉得这些困难最后都会被克服，或者通过咨询某个领域的专家（医生、人力资源经理、心理学家等）就能够解决。

1　《作为意志和表象的世界》，"生命意志的肯定和否定"，石冲白译，杨一之校，第442页，商务印书馆，2018年11月第1版，2021年10月第5次印刷。（本书以下出自该书的引用均只标明书名、相应部分及其页码，其他详细信息不再重复。——译者）

然而，叔本华谈及的痛苦不属于那些在诊所里就能解决的痛苦，它们是无解的。即便我们运气不错，人生一帆风顺，也无法忽视这些从内部啃噬我们存在的隐痛。它们源于现实的变化无常、败坏一切的虚无、永远无法弥补的匮乏、存在的虚幻、经常的无力感、失败……一言以蔽之，源于那些在我们生命中的某些时刻让我们觉得迷失、迷茫、不再相信确立的目标、只能装作一切都有意义的所有事物。不过，生活每次都会不失时机地许下一些诺言让我们坚信不疑，我们于是又开始憧憬一个更美好的明天。它就像一个彩袋，盛满了希望，可是明天也过去了，又留下些什么呢？

生活所展现的就是某种持续的欺骗，无论是在小的方面还是在大的方面。(《作为意欲和表象的世界》第2卷[1]，"论生活的虚无和痛苦")

所以，这是生命本身固有的痛苦，犹如毒药，感染了我们的存在，扰乱了生命的明净，干扰了生命的流畅，

---

[1] 《作为意欲和表象的世界》(第2卷)，【德】阿图尔·叔本华著，韦启昌译，上海人民出版社，2022年1月。(本书以下出自该书的引用均只标明书名、相应部分及页码，其他详细信息不再重复。——译者)

到处引发呻吟和祷告之声："我太难过了，可是不知道为什么。""我感到莫名的痛苦。"等等谁能理解这种荒谬的痛苦？这不是只有富人才有的痛苦吗？不是那些除了盯着自己的存在之外无所事事之人才会有的痛苦吗？对这些人我们总是忍不住指责："你拥有幸福所需要的一切，为什么还要抱怨？"他们是真不知道"受苦"这个词意味着什么！痛苦却说不出站得住脚的原因，看上去是对穷人的不公平，穷人才是不义战争的受害者啊！于是，人们为自己的难过羞愧难当，一切都好像是只要积攒了一定量的财富就一定会幸福似的。人们真能满足于某些物质财富和美好时刻吗？

这世上并没有什么样的满足可以止息他的渴求，给他的追求设定一个最终目标和填满他那无底洞一般的心。

（《作为意欲和表象的世界》第 2 卷，"论生活的虚无和痛苦"）

不乏有人指责叔本华没有资格谈论痛苦：他是食利者，从未工作过，从没结过婚，也没有孩子，一直过着温馨的沙龙生活，一生都是爬格子的知识分子。怎么，受苦还得要有资格吗？！这种想法其实是拒绝承认仅仅活着这个简单事实就制造了多少折磨人的理由。人们不需要站得住脚的、冠冕堂皇的客观理由才能抱怨，活着本身就提供了充分的理由，与此相连的痛苦并不会因此显得更不合理。即便世界更加公平，也不意味着我们会更幸福一些。这个敌人，一切痛苦的根源，既不高大上也不遥远，它就在我们身上——活着这一事实本身。

所以，从叔本华的角度看，偶尔想想人生是否值得是完全正常的。这样的拷问即使有时会吓着亲朋好友，但终究还是一种清醒的标志。社会倾向于"污名化"这种被"生之痛苦"所困扰的人，方法是劝告他们去接受治疗或者服用抗抑郁的药。这样的逃避或许是个严重的哲学错误。相反，我们应该认认真真做一番探索，哪怕最后像叔本华一样得出结论：我们所过的生活根本不值得自己为此付出如许努力。

的确，既然对事情深思熟虑以后得出的结果是：一种完全的"无"的存在会优于我们这样的存在。（《附录和补遗》第2卷[1]，"我们的真正本质不会因死亡而消灭"，第304页）

1 《附录和补遗》（第2卷），【德】阿图尔·叔本华 著，韦启昌 译，上海人民出版社，2020年4月。(本书以下出自该书的引用均只标明书名、相应部分及页码，其他详细信息不再重复。——译者)

令人们痛苦的根本原因是对生命虚无的体验。让我们试着理解这究竟是什么意思吧。

无常与虚妄

一个物件，无论在我们眼里多么珍贵，都可能随着时间流逝失去其价值；一个人在我们心中的地位，也会随着我们看待他的方式而不是他的行为而发生改变。只需稍稍回顾一下过往的人生，我们就不难看到，有多少次我们曾痴迷的人、思想或者活动，到后来却让我们兴味索然。书架上满满当当的书籍和碟片过去曾带给我们无尽的快乐，如今我们却懒得再看一眼。人们相互亲近又彼此疏远，一轮又一轮，完全无法预知。

这一切有什么好的理由？不管你是放任自流还是最终改变了主意，这些转变的理由总是事后诸葛亮式的恍然领悟。失去的会立即被替代，对一个人的爱恋或山盟海誓让位于冷漠淡然或突然就不爱了的决绝，那个对你曾经如此重要的人突然之间就不再值得你爱了。为爱付出引发的厌倦取代了冲动。我们对人对事的看法掠过这些人和事，就像变幻莫测的天空，交替投下阳光和阴影，让我们拿不定主意。比如，《追忆似水年华》中的马塞尔，热烈而无望地爱着阿尔贝蒂娜，这让他感到莫大的痛苦。然而，几年后等他再见到她时，心中已再无一丝波澜。

为什么这么无常？人对于为达到某个目标而付出的刻苦努力不可救药地使他们感到厌烦。我们对于珍惜一个人、一种感情施加给我们的义务也会感到厌烦。面对我们被要求付出努力的压力，从中得到的快乐最终不堪重负。正是在这种压力之下，我们的心最后越走越偏，悄然远去。也许终究逃不过得失之间的可悲算计，人们最后总会为付出过多的时间和精力感到惋惜。这种心力耗尽的感觉可能让我们产生了对活着的厌恶。

生活及其年年、月月、天天、时时都有大的、中的、小的讨厌之事及其成了泡影的希望和让一切计划都失算了的变故，是如此清楚地带着某种印记，某种让我们败兴的东西，以至于让人很难理解：为何我们就看不出这一点，让自己听信生活就是要让人感恩享受的，人就是为了过得幸福才存在的。（《作为意欲和表象的世界》第2卷，"论生活的虚无和痛苦"）

除了不管做什么都会有的疲惫感，现实的复杂最后也会击溃我们单纯、幼稚的热情。也许，只有年少无知才会一根筋地认为不公就是不公吧。年岁日增，阅历随之会越来越丰富，我们看事情的眼光也会越来越复杂，明白世间百态都是你中有我、我中有你，紧密相连的，对自己行为后果的认识使得决定和行动变得越来越难。年轻的时候，暴力革命理想可能很有吸引力，只要是出于正义的目的。后来，经过思考，对人性以及对人性的复杂、隐藏的欲望、矛盾和易变性有了更多了解之后，借助暴力手段的革命似乎就不再那么具有吸引力了。一旦认识到事物以及我们对事物的看法的无常之后，单纯就随之消失了。由于这些原因，最高尚的理想失去了吸引力。因此，我们得好好想想为了一个我们自己都会觉得无足轻重的事业努力拼搏到底是否值得。

万物变动不居的性质证明了努力的虚妄。在未来，一切会以另一种面目出现。知晓了这一点，承诺和规划就索然无味了！任何计划都要求人付出相应的努力，努力的过程中将会遇到重重障碍。以至于到了最后，目标实现的时候，人早已精疲力尽。就算他将品尝到略带苦涩的胜利的果实，也已经厌倦了。

出路在于活在当下，享受现在的确最为明智，它是唯一真实的，因为过去已已、未来未来。然而，这也是最疯狂的，因为现在本质上是即生即灭的。

我们生存的立足点除了不断消逝的现时以外，别无其他。所以，我们的生存从根本上就是以持续的运动为形式，并没有获得我们所渴求的安宁的可能。(《附录和补遗》第2卷，"生存空虚学说的几点补充")

现在是不可靠的。每时每刻，我们都会忍不住去想第二天的目标，目标达成后，又有新的目标。我们的生活从来不是"当下的"，而总是在路上。我们耗费如许的心思、热情、自我、汗水、强度去憧憬未来，这些憧憬今天让我们过得充实，可是将来都会变成琐碎生活中散乱的模糊回忆，有何意义？这就好像人追着足球跑，追到了球，再一脚踢远，如此而已。

你可能脱口而出："这就是生活！"来，给你看个证据，证明这并非有说服力的解释。

因此，在就快到达人生的终点时，回眸往昔，大多数人都会发现自己整个一生都是"暂时"地活着；他们会很惊讶地看到：自己如此不加留意和咀嚼就任其逝去的，恰恰就是他们的生活，恰恰就是他们在生活中所期待之物。这样，总的来说一个人的一生就是被希望愚弄以后，跳着舞扎进死亡的怀里。(《附录和补遗》第2卷，"生存空虚学说的几点补充")

逃离存在的暗涌

由于不停地要追逐新的目标，我们的人生很像没有暂停键的赛跑。一旦我们想停止奔跑，那么立刻、马上，在静止中，我们的存在就可能被狂乱攫住，好像有一种隐隐的不安自深处升起，让我们不得片刻喘息。

因此，活动不息就是存在的特征。《《附录和补遗》第2卷，"生存空虚学说的几点补充"）

你可以观察一下，在你容许自己喘息的片刻，某个想法是如何折磨你的：休息的时候，很多回忆会涌入你的脑海，让你不得安宁、痛苦不已，让你想重新投入行动之中。人的担心不会有停歇的时候，他被来自四面八方的杂念轰炸着，被扯向四面八方，形成了看不见的和无法克服的应激反应。重新投身于目标清晰的追逐赛可以转移个人的注意力，保护他免受这种内心不安的侵扰。

和身外之物一样，我们的存在自身也不稳定，缺少常性。它被无休止的变形运动裹挟着，不断地解体、重构。人们只有关注无限小的事物，关注细胞不停的再生，关注组成我们的物质的运动，才能理解这个思想。我们相信拥有一个稳定的、确定且协调的身体仅是头脑经过抽象的结果。一朝深入物质的核心，我们的眼睛就会看到一个完全不同的现实：不稳定的，永远在解体和重组之间。因此，我们自己本身并不具有实在性，我们只是不断变化着的表象，犹如烟之于火。我们最基本的活动——吞咽、吸收、消化、转化、消灭和排出物质——所揭示的正是这样一个道理：人是一种物质流。因此，饮食是我们生活中最为重要的大事之一。

可以通过下面这一点得到形象的说明和证明：我们的存在不可或缺的条件就是物质持续地流入和流出，对作为食物、营养的需求总是一再重复。因此，我们就像那些经由烟、火或者喷射的水流所引出的现象：一旦没有了物质供应，这些现象就会暗淡或者停止。（《附录和补遗》第2卷，《生存空虚学说的几点补充》）

细察之下，人类生活或可比作显微镜下包裹着纤毛虫的一滴水，它们勤勤恳恳的行为和在如此狭小空间之内的彼此争斗，令人忍俊不禁。人生短促，转眼成空。退一步看，我们的忙忙碌碌和煞有介事也不可否认具有某种喜剧效果。

逃离无聊的压迫

在它的完全无意义之中，我们的存在显现。我们为获取生存资料（首要是糊口）奔波劳碌，完成这个任务的条件多如牛毛。我们必须每天都打起精神，小心应对，因为我们需要马不停蹄地做，刚得到满足又马上再生。若是生存资料得到保证，手头比较宽裕，我们是不是就彻底解放了呢？别做梦了！我们必须设法维持目前的生存资料水平，这往往会带来数不清的焦虑：存款安全，房子要维修，合理利用资金，等等。

接下来，新的痛苦等着我们呢，那就是无聊！结果，新的要求来了：如何利用生存资料驱散这种令人不快的情绪？基本需求马上让位于其他休闲需求，条件同样苛刻。我们新的日常活动就是仔细选择消遣活动以求避免无聊，这件事跟满足我们的基本需求比起来，其枯燥程度并不会更小，一样千篇一律。

假如我们的这一存在就是世界的最终目的，那这目的就将是最愚不可及的，不管定下这一目的的是我们抑或另有其他。生命首先就表现为一个任务，也就是说，要维持这一生命的任务，亦即法语的 gagner sa vie（挣口饭吃）。这一问題解决以后，那争取回来的却成了负担，第二个任务也就接踵而至：如何处理、安排这一生活，以抵御无聊——这无聊就如同在一旁窥伺着的猛兽，随时扑向每一个生活安定的人。（《附录和补遗》第2卷，"生存空虚学说的几点补充"）

于是，需要和缺失让位于无聊。这种情绪反映了生命的无价值和虚无。谁没有体会过经过一段时间的繁忙工作完全放松下来后的那种无所适从之感呢？谁在几天"放空"的假期之后敢说自己不会有这种感觉呢？行走在日常的喧嚣之中，肩负着工作、朋友和家庭三重责任，我们感受不到存在的空虚。相反，只有在我们不再专注于某个目标之时才能体会到这种情绪。

每当我们不再努力争取达到某一目标或者我们没有从事纯粹的智力活动，我们就退回到存在本身，生存的空洞和虚无感觉就会袭向我们——这就是我们所说的无聊。甚至那扎根于我们内在的、无法消除的对奇特事物的追求和喜好，也显示出我们是多么巴不得看到事物发展那无聊、乏味的自然秩序能够中断。（《附录和补遗》第2卷，"生存空虚学说的几点补充"）

赤裸裸的存在令我们无聊，这一事实雄辩地证明了它没有真正的内在价值！

这是因为生活本没有真正的内在价值，它只是靠需要和幻觉维持运动的。一旦停止，存在的空洞和乏味就变得显而易见了[1]。

关键问题

1. 给你的人生摁下暂停键，问自己一个问题："我痛苦吗？"如果答案是否定的，问问自己是否在面对痛苦时有意选择了否认和回避。比如，你是否经常对自己说："是不太好，不过没关系，我是不会认输的！"或是："别太自以为是了。明天，一切会好起来的！"如果你承认自己正在痛苦，痛苦的原因有孤独，压力，银行账号警报，争吵，让你失望的家人，一无所成的失败感，制订的目标从未达成过，没时间、没耐心，觉得对什么都感受不深……你是否总

1　此处引文由译者根据法文原文译出，出自《附录和补遗》法文版（2005年）第640页。

能为痛苦找到客观理由，还是相反，你的痛苦如叔本华所言，是说不清、道不明的，且具有弥散性的，隐隐约约与你为生活做出的努力相关？

2. 思考一下，你的想法的不确定性（你对别人、自己工作、新相识、政客……的看法）。时光流逝，你改变了自己的看法，究竟是出于重要原因还是不值一提的小事，或是微不足道的细节？

3. 试着观察自己完整的一天：夜晚来临，你要制订第二天的计划了。此时，当天定下的目标还重要吗？

4. 反省一下自己：你开过多少看似重要的会，交了多少花了时间最后音讯全无的朋友，干了多少你曾想从中找到生活的意义却半途而废的事……这些耗费了多少心血啊！到最后剩下啥？你会不会说正是这些经历构成了你的人生？那这些经历比你想在将来经历的更实在吗？这么一想，难道你不觉得自己的过去只是重重幻影？

5. 为了达成一个目标付出的所有努力，在第二天或以后的日子里都需要以相同的强度为了别的目标（比如相同的目标，吃饭、恋爱、社交等等）而重复。这一不停回到原点的景象在你身上激起了怎样的感情？是不是很双面、很矛盾？一边是新事物带来的兴奋，发现和富足的前景；一边又感觉一直在重复同样的事（同样的努力、同样的汗水、同样的利益）。

6. 庸碌的日常可能很无聊，但是无所事事同样无聊。在这二者之中，什么让你觉得最无聊呢？

7. 回忆几个你曾经的梦想：爱情的、政治的、理想主义的。它们变成什么了？为什么你放弃了它们？是需要付出的努力最终动摇了你的意志，还是你已经在中途发现事情远比你想象的复杂得多，而你被青春的热情蒙蔽了双眼？

幸福是幻觉

人人都追求活得幸福却不明白幸福是幻觉之一。有两种方法可以让一个人觉得幸福：一是欲望的满足，二是享受美好的时刻。可惜这两种幸福的途径都是死胡同。安宁、平静在我们的生活中可望而不可即。强求幸福必将令我们忧心忡忡，备受折磨，到最后，生活为我们构画的所有蓝图免不了竹篮打水一场空。

当两个青年时代的朋友在分别了大半辈子、已成白发老人之时再度聚首，看到对方时所引起的主要感觉就是对整个一生的完全失望，因为看到对方就会勾起早年的回忆；而在往昔旭日初升的青春年华，生活在他们的眼里是多么的美丽，生活许诺给他们的如此之多，最终履行的诺言又屈指可数。在这两个老朋友久别重逢之时，这肯定是主要的感觉，他们甚至觉得不需要用言词去表达出来，而是彼此心照不宣，并在这感觉基础上叙旧、畅谈。(《附录和补遗》第2卷，"生存空虚学说的几点补充")

幸福将在明天来临

人们总是把幸福寄望于未来，觉得只要将来的欲望得到满足，幸福就会兑现诺言。比如，为了幸福，我们希望遇到灵魂伴侣，从事光鲜的职业，拥有一所舒适的房子，生儿育女，等等。每个人很早都畅想好了幸福的目标，一个人只有得到这些东西才敢说自己是幸福的。所以，幸福首先是生活对每个人的"承诺"。

人们通常花费多年时间来明确自己的目标并努力去实现——金钱、伴侣、房子，当然也可以不那么具体，像探险、纪录、成就之类。然而，这些目标一旦达成，又会出现新的目标，如旅行、乔迁、创作，培养新的才能，孩子学业有成，有更多的时间留给自己，等等。最初的目标不是承诺了圆满的感觉吗？它们不是应该足以让我们幸福吗？但看起来并非如此！要么是意料中的圆满结局没有如约而至，要么就是这种感觉并不持久。

幸福是握不住的，总是失约，犹如海市蜃楼般若隐若现。我们一靠近它，它就消失了，然后又重现在远处。我们从一个希望走向另一个希望，丝毫不吝惜自己的气力。对新目标的期许迷惑了我们的双眼，让我们看不到每次为此付出的惊人的毅力。

一个个幻觉破灭了，我们似乎应该得出结论：说到底，没有什么值得成为我们希冀的对象。我们徒劳的努力应该让我们感到最强烈的厌恶。我们怎么能够相信生活是值得的？我们如何享受生活、感到幸福呢？并非如此，最后我们只会说一句："生活原本如此，前进！"可是往哪儿去？"前进"只是朝着某个重要的目的一往无前吗？如果没有死亡给它画上句号，它本会永远如此。因为这样的前进没有终点。人们会给自己不断地设定一大堆目标，而且这些目标彼此之间毫无一致性。这一现象应该使我们更加坚信，这样一条由汗水和失望铺就的生活道路是多么荒谬。然而，新幻觉的力量足以令人忘却他们在生命中疯狂追逐的无聊和可笑的一面。

因此，每个人的一生所给予的教训，在总体上就是他所愿望的东西永远是骗人的、摇摆不定和随时倒塌的，因此，带来的是烦恼、折磨甚于欢乐，直至最终这一切所依赖的整个基础坍塌了，因为他的生命本身遭受毁灭了，他也就得到了最后的证实：他的所有的争取和渴求都是错误的、迷途的。（《作为意欲和表象的世界》第2卷，"论生活的虚无和痛苦"）

永不满足

欲望在我们眼里是一种令人愉快的冲动。错！因为欲望对应的是欲望对象的缺失（人们只会对自己没有的东西产生欲望）。

原来一切追求挣扎都是由于缺陷，由于对自己状况的不满而产生的；所以一天不得满足就要痛苦一天。况且没有一次满足是持久的，每一次满足反而只是又一新的追求的起点。（《作为意志和表象的世界》，"生命意志的肯定和否定"）

而缺失的欲望对人施加着一种刺激性的压力。它只要得不到满足就会一直持续。正是这一点暴露了它令人痛苦、专横跋扈的真面目。因为欲望的特性本质上是专制的，一朝成为某人的欲望对象，你就能发觉这一欲望本身是多么蛮横无理；它无休无止地提出新的要求，似乎永远得不到满足。反过来看，对于有欲望的人来说欲望又何尝不是一个暴君？渴望爱一个人，并不只是从身体上拥有他/她，以及与他/她在精神上结合。不是的，欲望总是要求不存在之物，它会在现实的内部催生出某种不存在："你"为"我"应该是的样子，"我"为"你"应该做的事情。由于它总是把自己的标准强加于人，无法达到的要求越来越多，不满就会与日俱增，越不可能得到满足就越想被满足，然后事情就会变得一发而不可收拾。

在《叔本华的治疗》一书中，欧文·D.亚隆 (I.D.Yalom) 塑造了一个"叔本华式"的人物。此人年轻的时候具有旺盛的性欲，每天都得征服一个或几个女性才能得到感官上的满足，否则就会寝食难安。而一旦猎物得手，"消费"完毕，他马上又会产生新的欲望。处于征服异性的需要，该男子发展了一套可靠的猎艳手法，对如何讨女性欢心了如指掌。而他的精神分析师非但对他这套每晚无一失手的绝技无动于衷，还对他说自己觉得这一切非常无聊，这令该男子大为震惊。甚至精神分析师说，以这种效率，他的墓志铭可以写成"他做过很多爱"，而且这个墓志铭还可以和他的狗共用！欲望的专制造成了无尽的重复，只有深陷其中且乐此不疲的人才会毫无察觉。

欲望不会遵守承诺

欲望得到满足的那一刻就被一种失落感败坏了：满足永远只能是一半。我们的想象力会把欲望对象理想化，从而美化欲望对象。这就导致当我们最终拥有它的时候，它不可避免地没有我们梦想中的那么美好。不过，对对象的美化在过程中是必要的，唯其如此，我们才会产生欲望。实际上，我们是甘愿被永远不会实现的承诺欺骗的。

假如生活许下了诺言，那是不会信守的，除非展示那所渴望的东西是多么不值得渴望。所以，诱骗我们的有时候是希望，有时候是所希望之物。假如生活给予了，那目的不过就是要夺走。（《作为意欲和表象的世界》第2卷，"论生活的虚无和痛苦"）

欲望对象最终带给我们的折磨要远多于快乐，所以料想中的满足一直失约。在皮埃尔·德普罗热看来，婚姻就是"使两个人承受一些如果他们不在一起本不会有的无聊的结合"。金钱同样可能让人陷入圈套：无法守住财富的恐惧、嫉妒，别有用心的朋友……我们最终能赢吗？晋升带来责任，即使我们不承认，这些责任也会让你片刻不得喘息，需要硬着头皮应战（我们只能承认自己错了！）。拒绝失败、拒绝错过变成了我们的动机，让我们看不到隐藏在下面的新的不满和没完没了的担忧。

在欲望满足时我们感受到的失望，并不能让我们看清自己或许应该停止欲望这一事实，反而驱使我们去更好地产生欲望！如此一来，欲望不但在我们得到满足之前就会折磨我们，而且在得到满足之后还将继续折磨我们，让我们承认自己选错了欲望对象从而产生犯罪感。我们的欲望本性似乎一直在对我们说："你曾希望的就是这样的结束。你就要一些更好的吧。"[1]这样，我们永远不会从不断再生的欲望中得到解脱，因为这样的挑战完全是我们自找的！

我们就像是被海妖诱惑的奥德修斯，没有为了抵抗诱

---

1 《作为意欲和表象的世界》（第2卷），"论生活的虚无和痛苦"。

惑把自己紧紧绑在桅杆上的智慧，结果只能驾着自己的小船迫不及待地朝着海妖的方向驶去。

后知后觉的幸福

为避免加入"幸福追逐赛"，人们或许会满足于经历一些美好时刻：朋友小聚、旅行、家庭聚会，等等。然而，在叔本华看来，我们的肌体并不是为此设计的。我们其实感受不到幸福，因为"我们会感觉到痛苦，但感觉不到没有痛苦的状态"[1]。而幸福恰恰是否定性的，可以反向地被定义为一种缺失的状态：痛苦的缺失，烦恼的缺失，不适的缺失……

话虽如此，我们有时不还是会感到幸福吗？躺在草地上沐浴阳光，与一群朋友其乐融融、默契十足地开怀大笑。确实，在这些时候，我们注意到痛苦中止了，并由衷地发出感叹："啊，太美了！"阳光照在脸庞上的暖意就能引起这样的赞叹。我们之所以发出这样的感叹恰恰是因为就在刚才，那一瞬间我们并没有感受到这种快乐。而且如果快乐一直持续，我们也感觉不到，因为人的注意力只

1　《作为意欲和表象的世界》（第2卷），"论生活的虚无和痛苦"，第709页。

有在痛苦或者状态转变过于剧烈时才会醒来。当时可能是幸福的，只是我们不会意识到。那么，意识不到的幸福又有何滋味呢？

这就是生命意志的全部问题所在，只有不顺时才能让人感觉到它的存在。意志如同溪水，在没有遇到阻碍时不会泛起浪花。人们健健康康的时候不会关注身体，但会注意到皮鞋磨破了一点皮。人们不会关注自己的生活整体上过得有多么惬意，反而会为新买的皮沙发上的红酒污渍而心情低落。只有无关紧要的细节才能被我们感觉到，只有障碍才能唤醒我们的关注。

另外，人们都是后知后觉地意识到自己曾是幸福的。我们当然能够立即意识到自己正在经历一个"美好的"时刻（比如，沿着无人的沙滩漫步），但始终有一种面向未来的紧张感如影随形（散步之后该做些什么呢？），一种与当下的脆弱性有关的紧张感（抹的防晒霜够不够啊？）。我们的精神，即使在放松的状态下也会涌入各种念头，使人不能专注于惬意的感受。其实，是现实的不稳定性及其内在的脆弱性妨碍了人们的全情投入，像是事后才反应过来一样。所谓的"美好"时刻并非一整段时间，而是由众多当下的瞬间和各种各样的感受组成的。只是事后回头看，它才整体上重构为一个惬意的时刻。即便在散步时，我们其实也忧心忡忡，最终会在记忆中把此刻的担心抹去，只剩下蔚蓝色的大海，以及我们在炽热的沙滩上散步的场景。如果有幸能够心无挂碍地沉浸在快乐的时光之中，我们反而感觉不到快乐的存在，也不会觉察到自己的快乐，因为我们的意识只会在强烈的对比中苏醒。所以，当我们发现幸福时，它总是在我们身后，而等我们意识到自己其实一直很幸福的时候，却发现为时已晚。

我们只能说曾经幸福，因为我们只有在幸福的日子已经被不幸的日子取代的时刻才意识到自己曾多么幸福。享受增加多少，品尝享受的能力就会下降多少：已经习惯的享乐不会再给人正在享乐的感觉。[1]

叔本华就这样揭示出，幸福总在过去时或者将来时。在两者之间的当下，幸福就像是无法握住的轻烟，"一小块乌云被风吹到了阳光照射下的平原"[2]。所以，与其说幸福是一种感受，毋宁说是一个概念。

---

[1] 此处引文由译者根据法文版原文译出，原文出自《作为意志和表象的世界》法文版（1966年）。

[2] 《作为意欲和表象的世界》（第2卷），"论生活的虚无和痛苦"。

还有厌倦！

有人会抬杠说："我们就是拥有快乐时光，不时会品尝到幸福！"叔本华反驳道，最后算总账，痛苦的总量也远超过快乐的总和。就是这么悲催！因为幸福的——假设是真的——时刻会让人希冀其他幸福时刻，人们就会在一生中执着地追求幸福，得不到片刻喘息。

对目标的追逐或许带来了新的快乐，但与此同时，它也带来了同样多的新的失望。"不经历风雨怎么见彩虹，没有人能随随便便成功。"也许只有文凭是一劳永逸的，不过文凭本身什么也不是，它提供的机会才是重要的。而把它兑现，依然需要我们奋斗。我们越想往上爬、取得漂亮的成绩，就会越需要付出努力，就会感觉越辛苦。即使我们的欲望不会使自己为这些思虑所困，现实也必然不会放过我们。因此，我们可以从愿望实现之前欲望的产生和想象制造的刺激的角度来考量自己的愿望，不过似乎更应该从为了达到目的所应付出的代价这一角度来掂量。那些为此牺牲的时间，我们是真想花在它身上吗？担惊受怕到底值不值得？最后的收获能抵偿我们"做牛做马"的付出吗？

不管怎样，谨慎是无用的，它并不能战胜欲望的盲目。人们只能事后才明白自己需要在心力、精力、时间上付出些什么。虫子就藏在果实之中，放松已经担负了新的厌倦，所有满足自身就携带着烦恼的基因，我们终将厌倦自我。

但那持续不断的假象和幻灭，以及生活那一贯的特性，表现出来的更像是故意和计划好了要唤醒我们确信这一点：根本没有什么是值得我们追求、争取和奋斗的；一切善良、美好的东西都会化为虚无，这世界无论哪一方面都是失败的，生活就是一桩亏本的买卖——而所有这些就是要让我们的意欲背弃这一切。（《作为意欲和表象的世界》第2卷，"论生活的虚无和痛苦"）

关键问题

1. 什么能让你幸福？幸福的对象是你为了得到它而应该完成的目标，比如金钱、灵魂伴侣、娱乐、社会成功、胜利等等；幸福感则是圆满、持久的满足、自在、与自己的和解。区分这两者很有必要。如果你没有完成自己的目标，幸福是否仅在未来可及？你只是在退想什么会让你幸福，却并没有把握一定如此。你是否意识到了这一点？为什么你要相信自己的想象呢？

2. 回忆一下，最近一次你感到幸福是什么时候？你当时就知道自己是幸福的还是这是你事后感慨的？如果你是在时过境迁之后才觉得"真不错"或者"我感觉真好"，那现在就回忆一下当时你的思绪是如何被引向琐碎的担心、为一个想法不快、害怕把一切搞砸、担忧下一刻怎么办等等。你是不是明白了为什么叔本华会认为处于完全满意状态、没有杂念和对比的幸福人们是感受不到的？

3. 选择一种你经常有的欲望（食欲，性欲，交友欲等），你是否清楚你为这一欲望所要做出的妥协（实现前、实现过程中以及实现以后）？

4. 审视你某个过去或现有的欲望（比如，特别爱吃巧克力）。你想着它的时候，你的想象已经预料到你所感觉的快乐（巧克力在你的脑海中已经在融化，你品味着它的质感，你舌头上的味道）。然而，现实并不总能达到理想化的高度（真正的巧克力没你想象的那么美味）。你曾经强烈渴望得到的东西（不信，你想想最近一次购物吧）——旅行、会面，不都是这样吗？你的欲望之物总能如你所愿吗？

5. 你对欲望有没有过重复性的或强迫性的行为（贪食症、色情狂、体育迷）或者完全不同的冲动？你认为冲动性欲望和其他欲望之间有没有区别？你会不会说欲望很专制？

爱情，酸甜交织的失落

路易－费迪南·塞利纳 (Louis-Ferdinand Céline) 写道："爱情，是刍狗的永恒。"[1]

人们把爱情置于人生的中心，认为全心全意地爱着并被爱着的人生才是快乐的人生。爱情是活着的唯一理由、生活的唯一意义、人性完成的典型。爱情主题是人生的基石。叔本华承认爱情乃人生大事，最伟大的人物都可能被爱情冲昏头脑（有感情纠葛引发的罪案为证）。诗人们不停地变着法子吟唱爱情的美丽与哀愁——真的，爱情让人受伤实在太容易，而且手艺精湛、手法微妙、手段残酷。关于爱情，人们似乎永远不会没话说。

它是童话不可缺少的调剂。尽管童话中的爱情可能很

1 L.–F. Céline, *Voyage au bout de la nuit*（《长夜行》，又名《茫茫黑夜漫游》），Gallimard, 2006.

快就滑向糟糕的处境，甚至遭遇毒药，但爱情一直以来的样子就是对星辰大海的追寻，对卑微人生的救赎，具有丛林世界里最高尚的温柔。这是平庸世界里最后的冒险，最后一段向所有人开放的伟大旅程：在爱情的领地，豪门也并不比其他人更有优势，"屌丝"也有逆袭的可能。

叔本华抨击的正是这一植根于人们内心的信仰，他毫不留情地打碎了这一神话。他是怎样定义爱情的呢？性本能而已！

繁殖的需要

叔本华把爱情看成一种幻觉，是大自然为了推动我们传宗接代而创造出来的。爱情的目的不是与灵魂伴侣的相遇和结合，纯粹只是为了生孩子。所以，这是大自然的诡计，我们都是受害者，因为大自然只关心种属的延续。不过，在这方面，人们并不总是乖乖配合的：冷静地思考一下可能就会发觉，把一个孩子带到人世间似乎是个真正的负担，是一件残酷的事。所以，自然需要给我们点甜头，好让我们失去判断力，犯下不可弥补的过错。爱情就是这个甜头，是最初的魔法，充满了快乐的许诺，让我们产生与一个人白头偕老的渴望。既然爱情只是一种幻境，那么当我们准备接受爱情时，悲剧才刚刚开始。

陷入爱河之人为了打开对方的心扉，其说的话、写的诗再情意绵绵，目标其实都是对方的身体。求爱的唯一目的是性交。只要看看性关系对我们多么重要就一目了然了。叔本华还以那些因为自己的"女神"在身体上拒绝他们从而悲愤自杀的人举例，光是感情上得到补偿的事实并不足以安慰他们的"痴心"。

结果，大自然行动了，打着爱情的幌子，把所有人骗得团团转。自然的目的是高贵的——设计出最好的个体。为此，她关注"恋人们"的互补性，因为有利于生育；此外，她还关心种属的永续和繁衍，因此她尽力去发现体格和性格最合适的组合。如此一来，两个年轻人才可以好好相处，即便他们之间并未产生爱情。他们看不到爱情，因为大自然觉得他们不匹配，即他们生下的孩子无论是身体还是智力可能都有欠和谐。

有人或许认为这种观点把一种精神情感矮化为单纯的交媾。叔本华面对这一指责是这样说的："生出后代，后代再有后代，子子孙孙无穷尽，这正是爱情'高尚'的目标。"

难道精确确定下一代人的个性不是一个比他们那些洋

溢着的感情和超感觉的肥皂泡高贵得多和有价值得多的目标吗？ *（《作为意欲和表象的世界》第2卷，"性爱的形而上学"）*

此处与个人幸福无关，却关系到人类未来世纪的生存。个人的意志与自然最为专横的意图重合，出于这个原因，爱情对我们每个人而言都是头等大事，它成为我们人生的核心目标是正当的。

正是要达成的目标的高度重要性造就了爱情故事的悲怆和崇高，使爱情造成的狂喜和痛苦具有了超验的特性。[1]

找到我们的"身体伴侣"

据叔本华所说，我们爱别人的程度取决于其人和我们之间存在遗传互补性的高低。互补性越强，彼此间的感情就越强烈。哲学家等于否认了灵魂伴侣的存在，更确切地说，所谓的灵魂伴侣更可能是"身体伴侣"。

---

[1] 此处引文由译者根据法文原文译出，原文出自《作为意志和表象的世界》法文版（1966年）。

因为在这世上并没有两个一模一样的人，所以，某一确定的女人必然最完美地契合某一确定的男人——这始终是就其所要生产的小孩而言的。真正的、狂热的爱是那样的少见，正如两个这样的人偶然相遇在一起是很少见的。

（《作为意欲和表象的世界》第2卷，"性爱的形而上学"）

尽管遇上灵魂伴侣的机会渺茫，每个人却都发自内心地觉得这样的爱情是可能的。这就是我们会被相关的诗歌作品打动的原因。

这又多了一个痛苦的理由：我们被本能驱使着去寻找唯一适合我们的人，却只有极小的可能性与其相遇。因此，我们也做好了准备去接受一个"值得的"伴侣，只是我们对他/她没有那么爱，因为我们清醒地知道我们的内心深处并没有完全得到满足。

人不以群分

人们通常以为成功的夫妻是由两个相似的个体组成的，他们的幸福在于意识到两人的共同点并且庆幸恰好遇见了彼此。这样一来，双方能够分享价值观、爱好，有共同话题，甚或是连幽默感都很合拍。正是基于这些牢固、可见、经得起考验的因素，我们形成了对何为成功婚姻的看法。

很遗憾，自然本身对理想的夫妻却有着完全不一样的观点。在叔本华看来，自然不会撮合相似的人，却对差异情有独钟。为了创造出最完美的后嗣，大自然最看重的是互补性，特别是在身体层面，然后才会考虑精神层面的需求。

自然首先会让体格差异显著的人结为夫妻，好让一方的优点弥补另一方的缺陷，生出更健康的孩子。比如说，我是塌脑门，我就会被宽额头、大脑门的人吸引。如此一来，我们的后代就能从我的另一半那里继承我给不了他的特征。因此，吸引我的可不是我们的相似之处，而是完全相反的东西！所以，人们在一个与自己身体方面极不相同的人那里找到"身体的归宿"并非天方夜谭。你，蜂腰细臀，而他却膀大腰圆，反之亦然；你，苗条高挑，而他生就一副五短身材，反之亦然。

爱情游戏在于盘点对方的不同（以及为此赞叹不已）。"你的腿肚子太奇怪了！"翻译成自然的语言就是："这个腿肚子跟我的太不一样了，我们的孩子正需要这个！"探索对方身体的感官游戏实际上是某种研究，目的在于无意识地、本能地确认未来的结合是合适的。爱情并不盲目，不是欲望的狂欢，让我们看不见对方的缺点。恰恰相反，对方的所有优缺点都是我们严格审查的对象。人们做这件事但对想要达到的目的并不总是清楚。让我们重温《蔑视》电影一开始碧姬·巴铎（Brigitte Bardot）的台词："那我的脚踝呢，你喜欢我的脚踝，还有我的膝盖，你喜欢我的膝盖……"恋人们的打情骂俏之下其实另有企图——挑选的企图。恋人们就这样彼此审查，毫不宽容地互相评判，以成就自然的选择。很多人都喜欢观察伴侣的手、手腕和脚踝，他们赞美对方修长的手指、灵活的关节、细长的脖颈。我们以为的"情人眼"难道不可能是挑剔的目光吗？热恋中的人们就这样被本能驱使着为了将来的孩子而互相选择。

这种小心细致的探求和检验也就是种属守护神对透过这男女双方有可能生产的个人及其素质组合的思考。（《作为意欲和表象的世界》第2卷，"性爱的形而上学"）

接下来，自然再用自己独特的方式进行性格匹配。当然了，精神上的优点也有一个筛选标准，尽管相对于体格的标准它们是次要的。在叔本华看来，父亲遗传的是勇气和性格力量，智力方面则遗传自母亲。由于男人的英俊无法遗传，内在品质却可以遗传，因此女性对伴侣的内在才特别挑剔，而对于男方的相貌则要宽容得多，她们期待男性具有坚强的性格和适当的霸道。看看我们身边就知道吸引女性的是什么了：她们在心里还是更为青睐勇敢、富有阳刚之气的男性。

但是，我们也不应该陷入刻板印象。叔本华提醒我们，我们能够通过另一半来弥补自身的缺失。因此，所谓的"女汉子"完全可能会被所谓的"娘娘腔"吸引；而一个自觉缺少感性的女子可能在伴侣身上找到她所没有的敏感。你若性格外向，那么一个极其羞涩的人更能让你心动，反之亦然。再强调一次，有一点是肯定的，那就是两个人走到一起并不是因为他们相像。在叔本华看来，自然只在意各方能否把这个或那个优点传给后代：它想要的并非锦上添花，而是性格的参差多态，然后再以自己的方式小心地把它们排列组合在一起。

有时我们会听到这样的说法——"这个男的可配不上这个女的"或者反过来说"女的配不上男的"，因为他们的学历有差距或者教育背景不一样。这么说其实是忘了不是精神而是身体在以本能的、无意识的方式互相选择对方。爱情的秘诀不在于掂量对方的优缺点之后做出深思熟虑的选择。夫妻二人的琴瑟和鸣并非最终目的，后代的"成功"才是。两个人，尽管千差万别，只要在自然眼里能生出成功的孩子就行。美丽的心灵不一定自发唤起热烈的爱情，还有别的东西在起作用。我们可能遇上有趣的灵魂，他/她道德上也无可指摘，却不会与对方陷入爱河。如果在婚姻上人们都是用脑子做出理性选择，那就只有门当户对的婚姻了，就不再有因为爱情所以在一起的爱侣。

所以，才有智力上很不搭的夫妻：男的粗鲁，强壮而迟钝，女的则感情细腻，聪明过人，既有教养又有品位；反之，男的才华横溢，而女的却是个蠢婆娘（此处请脑补苏格拉底及其夫人！）。是本能而不是智力引导人们做出选择。

公主如何变成了黄脸婆，王子如何变成了油腻大叔？

一旦尘埃落定，童话就演不下去了，相爱的两个人很快就会发现在一起生活的巨大困难。失望有两个来源。

首先，爱情本是一场幻觉，是大自然为了驱使他们繁衍后代而设计出来的。不过，既然孩子有了，自然就无需施展它的魔法，飘飘欲仙的感觉就会逐渐消退。爱人们赤裸相见，让他们渴望扑入彼此怀中缠绵一番的化学反应也没有了。他们的感官沉默了，看到了彼此真实的样子后心生怨怼，春心荡漾让位于一点就着的神经质。他们抓住一切借口抱怨对方，昔日的熊熊爱火转化成如今的噌噌火气。

其次，要记得，自然让我们选择的不是心灵上契合的伴侣，即所谓的灵魂伴侣，而是一个弥补自身缺失的传种者（或者育种者），为的是和对方一起生出最漂亮、最结实的孩子。为此目的，自然优先考虑的是身体互补性。而我们的精神应该会更喜欢一个有内涵的伴侣，而不是仅在肉体上吸引我们的伴侣。对方要么幽默风趣，要么温柔贤淑，最好跟我们有着共同的兴趣爱好，让两人能够共同计划一件事，分享快乐。不过，自然对于恋人之间的性格和谐毫不在意，它只盯着生理上的进化。所以，我们的灵魂可能会排斥自己的伴侣，同时我们的身体却受到对方身体的强烈吸引，其分裂的程度令人痛苦。美丽的认定（"我确定，就是他/她"）在这种条件下根本不能持久。我们的灵魂疑惑不已——要求分手，宣称受够了，挑起争吵。与此同时，我们的身体才是最后拿主意的那个，它不停地寻求和好如初。我们也不明白究竟是怎么回事。爱情的暴风雨来临，我们身心撕裂。这些分歧早晚会让我们对伴侣心生嫌弃，甚至是憎恨。木已成舟的婚姻在这时候特别不幸。

爱情不仅经常与人的外在处境相抵触，而且与人的自身个性也不协调，因为爱情所涉及的个人，除了性的关系以外，对那恋人来说，有可能是可憎、可鄙，甚至是可怕的。（《作为意欲和表象的世界》第2卷，"性爱的形而上学"）

男人置自己的利益于不顾，和所爱的对象结合，以完成种属的意愿，而一旦幻觉消失，他却发现自己与一个"黄脸婆"被绑在了一起；反之，女人则被一个自私鬼吃定。

只能由此解释为何我们经常看到一些相当理性，甚至优秀、杰出的人物，竟然与泼妇、婚内恶魔共结连理，以及无法理解他们如何做出这样的选择。（《作为意欲和表象的世界》第2卷，"性爱的形而上学"）

这就是肉欲得到满足后男女的宿命——备受煎熬的生活。所以说，爱情根本不意味着幸福，是破灭的幸福神话的一个相。

无法避免的出轨

不过，不是和爱的人而是和合适的人结婚完全是可能的。尽管没有鱼水之欢，二人的关系也可能更为温情。若是一方为了爱情抵挡不住出轨的诱惑，也不应该受到谴责。这种突然降临的爱情符合种属的利益，叔本华就是这么认为的。即使最忠诚、最有道德感的人，在被爱情——大自然——冲昏头脑的时候，也逃不过出轨的命运。被这股无法平复的力量推动着投入彼此怀抱的恋人证明了什么呢？证明了自然比理性更强大，证明了他们为了种属的利益甘愿牺牲自私的个人利益（社会地位、家庭和睦、物质享受、个人成就、名望地位等）。

此外，我们有权利责怪遵从大自然指令的人吗？我们看得很清楚，他们的自由意志对此无能为力，这份激情是发乎自然的。我们怎么能以社会习俗要求忠实的名义判决他们有罪呢？我们觉得他们的结合仅仅超出了我们奉行的规范。这正是叔本华想表达的观点，他引用了尚福尔（Chamfort）的话：

当一个男人和一个女人相互之间产生了强烈的激情，我始终是这样认为的：不管妨碍他们结合的障碍是什么，诸如丈夫、父母等，根据大自然，也根据神圣的权利，这两个恋人就是各自属于对方的，不管人类的法律和规章是什么。[1]（《作为意欲和表象的世界》第2卷，"性爱的形而上学"）

叔本华提醒那些对此感到气愤的人，救世主保护出轨的妇女，因为他认为这是每个人都可能会犯或已经犯过的错误。另外，人们喜闻乐见年轻的恋人们为爱不惜与所有人、所有事为敌甚至上演殉情的戏码，这也表明我们感觉到了种属的利益高于恋人本人——有远见的未来父母——所设想的利益。只要看看我们对罗密欧和朱丽叶或者爱洛伊丝和阿贝拉尔（阿贝拉尔被去势以后爱欲严重衰退）的痴迷就够了。这些爱情故事中的痴男怨女为爱不惜牺牲一切，让观众不能自拔。与之形成鲜明对比的是，基于利害关系的联姻却让人看不起！这又是一个证据，证明我们的自然伦理追求的并非个人的视线，而是某种具有超验性的东西。

为什么出轨会被全社会谴责呢？叔本华尤其对女性

1　尚福尔，《格言录》，第6章。

出轨的谴责感兴趣。一个男人风流成性是为"花心",而一个出轨的女人则成为"荡妇",羞辱如同雨点落在她身上!必须看到这种谴责所体现的女性身体意识。因为男人可能摆脱婚姻,婚姻对他而言只是一种义务,可是女人为了后代却需要配偶的保护,故而婚姻是在生育后拴住男人的一种手段。时至今日,同居还是某种酷似婚姻的心照不宣的契约,双方约定了相同的"义务":忠诚、扶持、牺牲。它们是连接双方的纽带。这样一来,即使哪天爱情的幻觉消失了,男人想要脚底抹油溜之大吉,昔日的契约就可以逼着他尽义务。所以,女性压根没有任何雅兴看着别的女人在婚姻关系之外对男性投怀送抱。这种行为有可能鼓励男性不去结婚从而伤害到全体女性。因此,禁止出轨的初心是让男人坚定缔结婚约的念头,让妇女儿童得到拯救。

但是,所有这样的恋人都是背叛者。为了让种属延续下去,他们就给某些人带来了不幸,且持续数百年。我们为父母的片刻欢愉埋单,我们是祖辈肉体的罪与罚。这正是我们在下文中要谈到的东西——自然和我们本能的荒谬性。

关键问题

1. 你可以接受柏拉图式的爱情吗，没有性行为？这样的爱情与友情真有区别吗？性行为在你与另一半的关系中占有什么位置？你认为它必不可少还是可有可无？

2. 思考一下在你现在或过往的爱情经历中，你如何花时间探索另一半的身体，是上手抚摸还是直接观察：唇部形状，鼻部形状，结实的肩膀，粗壮的大腿，脚长，等等。这一行为不就是在盘点另一半身体的优缺点吗？要是发现了反常之处会不会浇灭你的欲望？

3. 你有没有过在夫妻生活中对另一半欲望消失的经历？这种情况是如何发生的？感官吸引可能消失吗？有没有可能是自然不再想让你们继续在一起或者它一开始就搞错了？你是否在伴侣问题上做了理智的选择却"牺牲了"身体的需要？欲望消失是在首次怀孕后突然发生的吗，好像是自然完成了目标就不再需要障眼法一样?

4. 仔细想想是什么让你和伴侣走到一起。在精神的或社会的理由背后,你是否认可某种身体上的化学反应在初期充当了黏合剂的角色?在你的选择中,身体魅力不是比精神期待更强烈吗?

5. 在你们的共同生活中,你觉得你们彼此相似,还是彼此互补更多些?你们的差异是分歧和争吵的原因吗?当初吸引双方走向彼此,现在又把你们分开,对此你如何解释?

6. 你有没有在爱一个人的时候经历过灵与肉的内心冲突?比如,你确定已经被某人的外形所吸引,同时又认为此人粗鲁、傲慢得让人受不了、聒噪,或者她拥有漂亮脸蛋却头脑空空?这种精神与身体之间的"分裂"是否令你感到痛苦?

7. 你身边的怨偶难道不都是在有了孩子之后,由于性格不合而变得无奈?他们不就是叔本华所说的大自然诡计的受害者吗?

第二章

理解之匙

解 脱 生 命 意 志 的 锁 链

意志的专制

上一章展示了我们在自然面前的奴隶地位。我们的智力只够让我们抵达事物的表面、抵达现象，而别的东西在它们——可理解的事物——之下起作用。我们此前暂时把这种"东西"命名为"自然"，满足于参照我们生物的、原始的、本能的自然。叔本华称之为"意志"[1]。意志在叔本华看来是未知的、不可知的"自在之物"，但是我们随处可见其"生命意志"形式下的表象。生命意志是世上一切生命为生存、永续、生长或抵抗所做的努力，它只是某种意志的可见现象。至于意志本身，则是不可见、难以捉摸的。我们应该服从的一切力量都是这唯一的生存意志的表达。那么，它如何作用呢？这正是我们尝试去理解的。

我们永远"想要"

世间万物是意志的显现，从身体开始，使分析复杂的是我们习惯把意志仅当成大脑指挥身体、向它发出运动指令的能力。比如说，我想抬起胳膊，我的胳膊就抬了起来

1　在叔本华那儿，意志（La Volonté）这个词首字母大写，以区别于人类才有的意志（普通意义上的）。后者只不过是大写的意志的显现。——译者注

（为什么你抬起了胳膊？因为我想抬呗！）。结果，意志似乎是大脑的事而不是身体的事。叔本华认为这是个错误，我们的整个身体是这一意志的产物，是其可见的、物质的作品。只需审视人体的生理构造就能明了这一点：生殖系统是性本能的具体化，而牙齿、食道和肠道则是食欲的具体化。

所以，我的身体就必然是我的，已成为可见了的意志，必然是我的可见的意志本身，而不能是别的什么。

（《作为意志和表象的世界》，"意志的客体化"）

人体是意志的显现，这是因为：

——任何人都想传宗接代，这种繁殖的意志在生殖系统中显现。因此，时候一到，你的身体就会排卵或者产生精子，以繁衍后代。所有激素活动都如此规律，正是生殖意志的表达。

——任何人都想活着，这种生命意志通过努力活着、对抗死亡、保存自我的身体表现出来。需要时，你的免疫系统就会冲锋陷阵，组织防御对抗病毒和细菌。

——任何人都想成长，人生来就要不断长大，不断发展自身。遇到情况时，你的身体会修复某些组织，吸收物质（食物），然后再加以重新利用以维持器官的功能，等等。

你的身体劲头十足地完成各种高效的活动，都指向既定的目标，只是你没有意识到。这一切都是意志在你身上起作用的结果。意志没有意识，它大多数情况是以本能的和无意识的方式通过保存、增长和复制的行为发挥作用。我们一直在"想"，即便我们对此没有意识。这就是为什么施加在身体上的任何行动要么让人快乐（外部因素有利于意志），要么令人不快，甚至痛苦（外部因素构成障碍）。一副躯体，即使一动不动、处于休憩状态，也是正在起作用的意志本身。其证据就是，这样的静止要么令人愉快，要么令人不安。

所以，我们永远"想要"，脑子里却并不总是清楚我们意志的对象。

生命意志无处不在

我们关于身体的说辞，即身体是意志的物质显现，应该适用于所有的矿物、植物和动物。从外部观之，它们似乎只是外部运动和内部运动活跃的空间体量。从一个外部的视角观察我们自己，我们和它们没什么不同。假如可以赋予它们以意识，它们也会马上在内部体验到意志在其身上的作用。如果是别的，比如一只猫或者一只苍蝇在我们抬胳膊的瞬间观察我们，它们也可能会认为我们做这个动作是因为受到了某种身体机能的推动。它们从外部也无法感知到我们从内部以即时的方式感知到的东西。这就是我们的意志的作用。用类比的思路看，我们应该把这种二分法——外部的和内部的作用施加于周围的一切。结果就是，我们必须承认植物或者石头，假设它们真有意识，它们也可以从内部感知到它们的意志在起作用。不这样做就是纯粹的自私，也就是认为我们人类在整个生物链上是特殊的、独一无二的物种。

　　至于在个体看来只是作为表象而认识的诸客体是否也和他自己的身体一样，是一个意志的诸现象，这一点，【……】就是外在世界的真实性这问题的本来意义。否认这一点就是理论上的自我主义的旨趣。这种自我主义正是由此而把自己个体以外所有的现象都当作幻象，犹如实践上的自我主义在实践的方面做着完全相同的事一样，即是只把自己本人真当作人，而把其余一切人都看作幻象，只当作幻象对待。(《作为意志和表象的世界》，"意志的客体化")

因此，整体的真实性由生命意志建构。世间万物，不管有没有生命，有机还是无机，都努力坚持自己的存在，努力保存自我、延续自我，对自己的遭遇做出反应并对周围的一切施加影响。你们肯定会想："一块石头怎么会为生命意志所激荡？"在我们的观念里，石头顶多在时空中占据着一定体积，我们想把它怎么样就怎么样（比如，那块石头是用来砌墙的）。然而，在这个层次的表象之上，石头不仅是石头，它还蕴含着力量。我们的身体被它特有的保存、修复和成长的力量所驱动，而我们的大脑却感知不到一块石头和我们一样，也是该种物质所特有的力量的表达方式（组成石头的原子间的结合力，重力，抵抗力，不可穿透性，矿化……）。我们的大脑不能立即认识到石头所包含的这些力量正是生命意志的表达。

它（意志）是个别（事物）的，同样也是整体【大全】的最内在的东西，内核。它显现于每一盲目地起作用的自然力之中。（《作为意志和表象的世界》，"意志的客体化"）

我们在一切自然力中都能见到生命意志，此乃万物的内在本质：让植物发芽生长的力，让矿物结晶的力，使磁针指向北极的力，磁化本身正极和负极相斥相吸的力（令人想起人分阴阳），把元素组合在一起的力（例如，水的分子式H_2O表示水分子是两个氢原子与一个氧原子的化合），把元素拆解开的力，最后还有万有引力：吸引石头落向地球，地球绕着太阳转。

我们可以在人类行为中观察到同样盲目的生命力。

我们被暗处的生命意志玩弄于股掌之间？

我们为了糊口而工作的意志归结为进食的意志，即我们的肌体摄取物质的意志，目的在于满足自我保存、求生的意志。这不是别的，正是求生的意志，为我们和动物所共有。我们最理智的规划实际上都是为某种更隐晦的、有机的、无意识的意志服务的。同样的意志处处可见，且呈现相同的特征。人类的错误在于区分了人类特有的"意志"和属于物理领域的"力量"。然而，所谓的人的意志根本上与力量并无不同。同一生命意志的各种显现之间只在程度上有别，而在本质上一致。

目前对于"一见钟情"的科学分析证实了这一点：某些外激素使两个个体之间产生吸引力，发出只有他们的神经和身体才能接收到的信号，他们的意识反而接收不到，他们感觉彼此相互吸引。这其实是化学刺激下产生的兴奋感的作用。不过恋人们会后知后觉地给这种吸引力找一个理由，归因为对方的魅力。因此，对原因的意识遮蔽了吸引力产生的真正理由——外激素的功劳。

此外，意志可以没有精神表象而自行其是。动物的大多数行为都是本能驱动，无须为自己的行为找个目标 _(鸟筑巢的时候并没有要把蛋放在里面的意识)。盲目的行为、无意识的程序在动物身上最常见，是为了生存或延续生存。

同样地，我们的大部分行为是本能的、冲动的，即使在事后，我们也只能意识到很少一部分。

"奴隶意志"

尽管如此，人类仍自信拥有自由意志。这是幻觉，因为我们没有看到其智力被意志控制的程度。我们其实是意志忠实的"奴隶"，是它的仆从。意志确定要达成的目标，智力对做出的决定只能后知后觉，还以为是自己的决定。即使有时间让你深思熟虑，结果还是一样，什么都不会改变。我们是凭着本能在行动，这一本能恰恰就是不为我们所知的意志。所以，我们必须承认自由意志并不存在，只有"奴隶意志"！

这时，智力除了从各方面鲜明地照亮一些动机的性质之外，再不能有所作为。智力不能决定意志本身，因为意志本身，如我们所看到的，完全不是智力所能达到的，甚至不是智力所能探讨的。(《作为意志和表象的世界》，"生命意志的肯定和否定")

譬如在爱情问题上，我们自以为能够自主地选择伴侣、组建家庭。我们再三踌躇，然后下定决心。犹豫不决的时间说明了我们没有随便做决定，我们的决定是严肃的，这体现了我们的自由。但是，互补型的伴侣其实只是自然想要的。所谓的"深思熟虑"，其实只是人们的智力为了彰显意志而进行的解释说明，意志的目的是智力无法洞悉的。人们的思考仅仅对于解释说明工作有所裨益，任何情况下，都轮不到它来做决定。人们尚在苦苦思索应往何处去之时，决定已经在来的路上了。所以，并非那些想得到的、拿得出手的理由促成了结婚的决定，而是结婚的决定推动我们的智力事后诸葛般地提供一些有说服力的理由。我们的处境跟一个骑士差不多，他不能绝对控制坐骑的方向，只能隐约意识到坐骑决定把他带去的地方，他意志坚定地想："好吧，看来我们要去那片松林了。那好吧，我们去吧，就去看看松树！"

理性只是个镜子角色，让我们能够意识到我们正在做什么、我们想要什么，以及我们是谁，并且向我们指出这一切。目标的话事人另有高明，理性最多可以选择达成目标的最佳途径。作为对比，动物行动时既不会明确目标，也不会选择方案。比如说，一只不小心在猫砂盆外面方便的猫，会去抓挠光滑的地面，尽管地上没有任何沙子能够盖住它的便便。猫被盲目的本能驱动，对自己的所作所为以及行为的完全无效没有意识。借助于大脑，人类却能够确定自己的目标并采用有效的方法完成。但是本能和人的意志并无二致，意志不过变成了对自己有意识的本能而已。

所以，我们在无用的思考上浪费了大量时间，不过是得到了一种有能力做决定、实现自由意志的幻觉而已。此类大脑活动不过是骗人的把戏，行动一旦在唯一意志的支配下展开，自以为是的思考就"寿终正寝"了。

被盲目的冲动所驱使

自然界中，现象的规律性如此明显，人类以此为依据制定了法则。我们为什么不在人类行为中感知这种规律性并从中得出一些自然法则呢？

人类中的一些个体比动物更具特征，与植物比起来更是如此。个体间的差异让我们以为可能的行为也会千差万别，并因此给我们造成幻觉，以为千差万别的行为是我们自己选择的，这是自由的幻觉。其实，在某个人的自我主义中和在电击疗法中，在他的愤怒和在磁力中所表达的是同一种力量或者说同一种"冲动"。当该种力量以规律的方式在在场的物体和人身上显现时，冲动就被个性化了（我们指的是"个性化的意志"，它当然还是意志的显现）。一个个体本质上是被愤怒驱动的，另一个则是被自我主义驱动的。

在叔本华看来，性格特征可以被设想为必需的冲动，会以任何借口表达出来。一个人的贪婪可能表现为吝啬或者加班加不够。同理，一个人的自恋则可能驱使他做出矛盾的行为——什么人都不需要或者是另一个极端，渴求别人的陪伴并从对方的眼中映照自己。性格决定行为。

环境为我们提供了机会自由表达我们的性格特征，它只是等待着这个表现自己的时机。譬如，我们因为某人令人难以忍受而怒上心头，生气的理由是他的说话方式让人受不了。可这难道不是因为我们已经生气了，或者我们想让自己生气，才抓住他说话方式的把柄来发泄自己的情绪了吗？愤怒从何而来？我们觉得必须给它找个理由。大错特错，愤怒一直都在我们心里，只待时机成熟表现出来而已。可能是不公平的改革，也可能是用词不当……同样地，万有引力一直都在，只是当身体失去平衡往下坠的时候才显现出来。

意志，它的显现既然是人的全部存在和生命，就不能在个别场合【又】否定它自己；并且凡是人整个要的是什么，那也永远将是他在个别场合所要的。（《作为意志和表象的世界》，"生命意志的肯定和否定"）

理由实为这样一种个性化了的意志显现的机会。理由千变万化，让人以为意志也千差万别。其实并非如此，意志始终都是在表达自我。比如性格易怒之人，不管是生气、责备还是批评，都是愤怒的表达。

去除了偶然原因的外衣，我们个性化的意志才显露出本来面目：纯粹的刺激或盲目的冲动，无目的亦无真正的规划。

事实上，意志自身在本质上是没有一切目的的，一切止境的，它是一个无尽的追求。（《作为意志和表象的世界》，"意志的客体化"）

不可能的进步

意志不能自己学习，不会随着时间流逝进步或退步。它如其所是，直到永远。

"以前，我应该这样做却没有做，不过现在，我更好了，我明白了，我变了……"这都是些没用的话！我们不会进步，只是时过境迁而已。什么意思呢？举个例子，一个女人可能会说现在终于战胜了自己病态的嫉妒心，因为和新欢在一起，她不再疑神疑鬼了。但这不过是因为这个男人不再给她嫉妒的机会，她的嫉妒心不再发作而已。以后若真是出现同样的情形，她的嫉妒一样会爆发得猝不及防且原原本本，和以前一样。

这就好像是人在诞生的时候，他一生的行事就已牢固地被决定了，基本上至死还是始终如初的。（《作为意志和表象的世界》，"生命意志的肯定和否定"）

意志始终在那儿，始终在场，它只是在等待显现的时机。在叔本华看来，自然力只要条件具备就会马上发动。因此，一些小麦种子才能历经三千年岁月在底比斯 (Thèbes) 古城的一座墓葬中被发掘出来，还是在一个完全密闭的空间。其中的十二粒种子种下后还能完美发芽，仿佛什么都不能把它们改变。生命力仿佛可以永远在种子中沉睡，静候着破土而出的有利时机。这样的显现（此处以植物为例）本身受时间的支配，却不受生命原则的约束。对仙人掌来说，情况一模一样。几千年前，仙人掌是有叶子的，现在却浑身是刺。假如把它重新移植到潮湿的环境中，它马上就会给你再长出叶子。

生命意志的永恒性从根本上揭示出，违背本性的努力是徒劳的，对进步、成长或变化的信仰是虚妄的。

自然的用心是无法猜度的

在本阶段的分析中，我们希望了解这种意志为我们"想"什么，我们能否盲目地完全信赖它。让我们从一个悖论开始。繁殖看起来是不为我们所知却为意志追求的目的，它是在诱人的爱情面具下进行的秘密计划。我们可能以为生命是自然的大事，是它的主要关怀，通过巧妙的基因组合改进种属，以达成生命的进化和完善。不过，一个善良、有序的自然在默默地为我们的福祉辛苦奉献，这依然是幻觉，真这样想你就上当了。自然对它创造的一切生命（人类, 动物, 植物……）到底持什么态度？一言以蔽之，"天地不仁以万物为刍狗"！所有的生命都是自然丰富的祭品。批量生产比肩日常的大规模毁灭：物种消失，新生儿夭折，肉食动物吞噬猎物，等等。最微小的意外，像是走在路上被脚绊了一下，对很多不幸在不恰当的时间出现在了不恰当的地方的倒霉蛋而言都是致命一击。我们的屠宰场其实是挥霍生命的场所。

至于进步，我们都知道没有这回事。物种适应它们的环境，而退化的环境则会造就退化的、更不讲究的生理形态，自然肯定不致力于生命的改进。这正是我们面对的狡猾的悖论：一方面，我们明确地被鼓励繁殖后代，另一方面，我们明白繁殖没有任何意义，而且根本就不在我们惯常赋予自然的伟大目标之列。我们必须得出结论：有什么东西很反常，甚至是荒谬绝伦。其实，主宰我们的意志是盲目的、没有目标的、疯的：我们不能信任它。在智力层面，人辛辛苦苦为驱动他的本能赋予意义，给出大致正当的方向，可实际上人的精神建构很快就会撞上巨大的矛盾，然后像纸牌屋一样一触即溃。

当懊悔损害了快乐

个体能否寄望于在本能的满足中获得快乐呢？众所周

知，自然鼓励人们传宗接代，人们就应该顺水推舟，就此沉迷于不停的性交之中吗？至少这可以满足人们的性欲。这貌似有可能成为进入存在的一个好入口呢。

　　既然"意欲"的焦点，亦即"意欲"的浓缩、集中和最高表达是性欲及其满足，那么，采用大自然象征性的语言，可以很独特地把这一事实直白地表达为个体化的意欲，亦即人和动物都是通过性器官的门户进入这一世界。

《作为意欲和表象的世界》（第2卷），"论肯定生存意欲"。）

　　的确，我们都是通过性器官进入这个世界的。这其实是以象征和直接的方式肯定了生殖器官对自然的重要性。

　　按理说，至此我们可以发展出一种人类行为性高潮中心观，或者至少在存在中找到一个令人开心的终极目标。且慢！我们立即受到了懊悔的阻碍。因为每个个体面对性欲都体验到了一种内在的羞耻感，而性行为令人懊悔不已。蒙田早就在《散文集》的一个注释里讲过：

　　这就是做爱。这种行为发生之后一种特别的忧伤和懊悔会接踵而至，在我们第一次投入其中时尤其敏感，而且一个人的性格越高贵，这种感觉就越强烈。**1**

无神论者老普林尼（Pline）亲自告诉我们：

人乃唯一懊悔于初次交媾者；是故，生命实肇始于悔恨。**2**

另外，这个思想启发布里吉特·罗安（Brigitte Roüan）在1996年拍了一部非常美的电影，影片名让人浮想联翩——《做爱后动物感伤》（*Post coïtum, animal triste*）。

自然败坏了它慷慨赠予我们的唯一乐趣，让我们注定为此懊悔，有隐隐的犯罪感和隐秘的羞耻感，即使我们的本能看上去也无力为我们带来某种满足。我们对自己的肉体左右为难——我们就是这对立的生命意志，这就解释了为何生活不可能是平静的长河。自然看上去真是自相矛盾啊，它似乎在怂恿我们向自己提出一个基本问题：我们人生的痛苦、贫困以及我们的努力与我们从中获得的东西是否相称？一句话，得是否偿失？

---

1 《蒙田散文集》，第三卷，第五章。
2 《自然史》第10卷。

关键问题

1. 本能的满足（食、色等）让你持续而深刻地感到充实了，还是相反，获得的短暂快乐而且/或者被懊悔败坏了？你如何理解你所有的冲动最终都不能带你走向幸福？冲动性自然是什么意思？

2. 你是否始终明了理由（真实的原因）和借口（为掩盖真正的原因提出的理由）的区别？当你对某人生气时，你难道不是在寻找借口对他表达你的不满吗？借口只不过是此时你表露敌意的机会，你只是通过对事情的演绎使得这个借口而且是唯一的借口成了你生气的原因。你所有的情绪波动不都是这样的吗？审视你最近一次对某人发怒的情形，愤怒的原因是争吵的真正理由，还是你觉得某种属于应激性的、烦躁的东西应该发作出来并且选择在此时表达？

3. 你会不会从自然力的角度来看待生活中的各种活动（元气上升对应欲望高涨，重力对应精力下降，本能对应与需要相关的活动，磁化对应某人或某物的吸引力，结晶现象对应在某个复杂关系中终于找到平衡，等等）？你是否觉得在你身上发生的一切不过是盲目自然力在运行的连续节点？

4. 你是否从不同的行为中看到相同的根源，作为原动力的相同的性格特点？反过来，你是否察觉到你的某种性格特点会在不同的场合中表现出来？

5. 人们常说："我进步了，我不会再犯跟以前一样的错误……"那么，你是否通过内在的反省成功地摆脱过某些缺点？你已经改进了个性中的某个方面吗？难道不更像是因为情况改变，你不再有机会重复自己的缺点，以至于相信它已经消失了吗？以这种方式消失的缺点不会在以后突然现身吗？只要适合它重新表达的情况再现，相同的条件具足，它还会跟从前一样。

屈从的智力

我们能否期待改变？我们已经看到智力不能命令意志做任何事，它是意志的仆从。我们没有任何自由意志、任何选择做什么的能力。我们的大脑在幻觉中认为自己有一定的独立性，这只会制造困难，其实它完全屈从于意志的运动。我们是非理性力量的玩物，这些力量让我们一再犯错，从卡律布狄斯到斯库拉[1]，让我们的生活史不可避免地变成一部痛苦史。我们迷失在表象之中，我们珍视的秩序其实是大脑虚构的，在漂亮的组合之下上演着那些从头到脚控制着我们的力量的冲突。

本性难移

一个人的性格是把他与别人区别开来并表现在他的每个行为中的所有特点的总和。性格由生命意志决定，是个体的本质。人们在这点上没有任何自由。不论我们做什么，我们都会在各种行为中表现出个性。同一的固定不变的个性，恰似一棵橡树，它的每个组成部分（叶、花、皮、果）都呈现出使它区别于一棵梧桐树或一棵栗树的特征。

整个的一棵树只是同一个冲动在不断重复着的现象；这一冲动在纤维里表现得最为简单，在纤维组合中则重复为叶、茎、枝、干；在这些东西里也容易看到这一种冲动。与此相同，人的一切行事也是他的悟知性格不断重复

1　希腊神话中的海怪（卡律布狄斯）和海妖（斯库拉）。奥德修斯过海峡时，刚避开卡律布狄斯，却迎面撞上斯库拉，被吃掉六个同伴。此表达法大致相当于"才出龙潭，又入虎穴"，意指事情发展越来越糟糕。——译者注

着的，在形式上有着变化的表现；【我们】从这些表现的总和所产生的归纳中就可得到他的验知性格。(《作为意志和表象的世界》，"生命意志的肯定和否定"）

如果通过观察一个人的行为总结出他的性格，我们就有可能预知他接下来的行为，因为个体是不变的。一桩糟糕的行事只是未来一连串此类行事的开端。

罗伯特·德·尼罗曾在罗兰·约菲 (Joffé) 执导的《战火浮生》(Mission) 中出演过一个名叫罗德里戈·门多萨的角色，这是一个视爱情重于生命的人物。他的性格让他可以为爱杀人。电影一开始，这个拥护奴隶制的雇佣兵就因为争风吃醋杀死了他的兄弟。他后悔得几乎要自杀，说到底自杀还是因为他对兄弟的爱，不过与一个耶稣会士的相识救了他。后者把他带入瓜拉尼人社区内部，他学会了去爱他们，这导致他皈依耶稣会并且发誓服从教规。至此，我们似乎看到了救赎的样板，真正意义上的皈依——转向与自我不同的东西。然而，传教会最终落入葡萄牙人之手，后者摧毁了它们，罗德里戈违背了服从的誓言，出于对瓜拉尼人的爱决定拿起武器杀死葡萄牙人。实际上，他的"皈依"什么都没改变。他的虔诚和发心本应引导他选择一条和平之爱的道路，没有横流的鲜血，不过事到如今只有杀人才符合他的性格。传教事业似乎更正义、更英雄，而他的性格却一以贯之。

表现性格的时机在变化，而性格本身不变，只等现实给它新的刺激才显现出来，这就是我们的深层本性。意识无法达到，高高在上，我们没有任何自由。我们凭本能一直知道这个，至少跟别人打交道的时候如此。我们不会再信任一个曾背叛过我们一次的人；反之亦然，我们会毫不犹豫地向曾对我们忠实可靠的人吐露心声，哪怕只有一次。

那么，我们为什么会觉得人会变呢？既然本性难移，为什么我们又会觉得自己在某个方面取得了进步呢？总之，我们不是在经验中成长的吗？

要想从经验中学习，我们的智性必须清醒，引导意志通向智性提出的目标。然而，智性无能为力，目标是意志决定的。智性只在为达到目的而使用的手段上拥有一些操作空间，它只能对手段进行修正。

举个例子，一个过去很小气的人看似变了，变得慷慨大方起来，其实呢，冲动并没有变，自我主义始终是此人最大的特征，只是他实现自我主义的手段发生了变化。如果此人确信在人间做好事后会在天堂得到百倍的回报，他就会出于自我主义而变得慷慨起来了。这与在他觉得施舍让他破产时表现出来的小气其实是同一种自我主义，只不过以形形色色其他动机的表象出现罢了。他的自我主义没变，是动机变了，因为他动脑子了。

所以，要说人终其一生真有什么变化，无非从天真无邪变得老谋深算而已！因为越了解自己，我们就越少作势隐藏自己，而且越少努力显得与众不同，因为那样做的结果并不令人愉快……

到我们【年高】在最后认识自己时，那已完全是另外一个自己，不同于我们先验地所认为的那个自己了，因而我们往往要为这个自己愕然一惊。(《作为意志和表象的世界》,"生命意志的肯定和否定")

经验什么也教不会我们，不会让我们进步，它只能让我们更明了自己真正的性格——自始至终陪伴我们一生的性格。

悔恨有什么用！
我们会感到悔恨这一事实不正好显示我们在改变吗？

从某种程度上说，毕竟我们在过去曾经想拥有另一种意志。换句话说，悔恨不正是意识到过去的意志是不好的，而今天我们的意志已经改变了吗？

对叔本华而言，这根本不是意志层面的改变，而是见解层面的改变，意志是悔恨的根源。我们不后悔我们之所欲，而后悔我们实打实做过的事，后悔没能充分表露出我们的意志，原因是我们被错误的想法误导了。现在我们如梦初醒，我们的判断力恢复了，悔不当初。这悔恨其实是由我们的笨拙和缺少经验引起的：我们后悔没能早知道如何把事情做得漂亮。比如，我们后悔年轻时没有完成学业、接受教育、坚持爱情或者听取建议。我们当时真的缺乏意志吗？不是的，我们只是被我们自以为是的想法蒙蔽了双眼：我们对应该优先做什么、"必须"以什么方式生活、时间应该怎么过等自有主见。后来，我们才明白了因为自己缺乏经验和受周围人的影响，而走了弯路，后悔让我们忍不住发出"啊，要是我早知道！"的感慨。这再清楚不过地表明，悔恨事关"知不知道"而不是"想不想"。

悔恨也可能是精神方面的。比如，我们可能行为上表现出超出本身性格的自我主义，错误地强调自身的需要或者夸大了别人的心思、失误和恶意。这样你或许会为自己在跟某人的口角中表现得粗鲁甚至惹人厌而感到后悔。不过，你后悔的是你当时想要做的事吗？即显示你的敌意、与此人不和。你后悔的很有可能不是这些，再换个人，如果需要你提醒他"懂点规矩"，你还是会做的。你遗憾的是你做事的方式，你表现得太卑微、太不成熟了。这可不像你，与你不符。你本可以表现得更有风度、更冷静，甚至挂着俏皮的微笑，即使这样做到最后敌意并没有更轻一点。这正是叔本华想说的，他确信使我们感到后悔的是做了与我们的本性、性格不相符的事情。

我们也可能体验到一种心理上的悔恨，比如说，当我们太过匆忙，在没有"抽象地"意识到的某些动机的推动下就贸然行动的时候。当时的感觉在我们身上唤起的情绪非常强烈，让我们失去了理智。再一次让我们难过的，并不是当时的意志，而是我们对情况的糟糕认知。在你身上肯定发生过这样的事：没有考虑某人的感受就贸然行事，因为你很快做出判断说这个人毫不在乎。可是情况并非如此，你没有看到他、感受他、理解他，这一切让你在后来追悔莫及。是缺少分析让你犯了这个错，后悔只不过是你的道德准则的"修正"。悔恨由此产生，并推动你去在可能的范围内修复所造成的后果。

所以，我们永远不要质疑我们的意志。相反，为了不在以后的日子受到悔恨的煎熬，我们要尽可能地把它表现出来。

凡是我曾一度欲求过的东西，就其本质和原来的意欲说，到现在也必然还是我所欲求的，因我自己就是这一意志，而意志是超乎时间和变化之外的。（《作为意志和表象的世界》，"生命意志的肯定和否定"）

其实我们只是懊悔没有充分做自己！

不过，存在另一种形式的懊悔也很普遍，尽管更说不出口一些：后悔自己不够自我。这次，不管是出于对别人的过分信任，还是因为对生活资料的相对价值的无知，抑或是由于某个我们早该停止相信的抽象教条的后遗症，我们在行动中抛弃了个人天生的自我主义，从此自责不已。

虽然懊悔类型不同，但实际上仍然符合懊悔与我们和深层意志或者说性格之间存在差距紧密相关的观点。这意味着我们有义务遵循自己的性格。我们不这样生活可能就会陷入无尽的悔恨之中，甚至产生无用的致命的犯罪感。

如果意志能纯粹地表达出来，我们就体验不到懊悔。不过，智力的动机似乎阻碍了这一纯粹的显现。比如，为人要慷慨的社会性要求。我们要求自己应该慷慨的想法，就会阻碍纯粹的自我主义、我们的天性。这不可避免地让我们陷入不能完全做自己的自责之中。

我们花费太多精力欺骗自己了！我们本能地知道自己的深层意志一点也不美好，于是我们想出一些更高尚、更美好、更讨人喜欢的动机，结果只能是离我们真正想要的东西越来越远。这些动机正是自责的养料，使我们陷入剧烈的痛苦之中。

这是因为我们使用这样细腻的手法，并不在欺骗或奉承别的什么人，而只是为了欺骗和逢迎自己。（《作为意志和表象的世界》，"生命意志的肯定和否定"）

比如，我们给自己"发明"的一些急事，实际都是我们早就计划好的事情。我们迷失在关于自己的虚假陈述中，我们会把实际的计划说成是偶然、压力、厌倦。比如怀孕这件事，说是酒喝多了，在错误的时间遇上了错误的人，完全是个事故，只是一夜情，怎么就怀孕了之类。再比如，终于说出了心里话，却说是吵架时秃噜了嘴，不是故意的。因为我们总是不能承认自己的深层意志并冷静地付诸实现而曲解事实，而实际上是在调和社会评判和别人的期待。如此一来，一个人越是费尽心思向你解释他是什么样的人、他的感受，以及他为什么要这么做，你就越能够断言他给你讲述的一切都是安慰自己的谎言。他需要你的认可来相信他自己的话是真的。

我们的过去只是我们意志的显现。为什么要为此懊悔？为了不那么为难自己，我们应该在纷乱的虚假动机之下重新找到我们的意志冲动。可惜，只做自己并不简单……

奇怪而痛苦的分裂

理性应该是作为一种进步出现的，是我们在动物界高高在上的标志。在一般动物那里，意志表现为本能，而在人类这里，却达到了很高的程度。为了生存，人类需要认识必需的食物的种类和应该躲避的危险的类别。认识事物的需要表现在两个方面：那就是为此目的服务的器官的机械形式（大脑及其复杂性）和意识形式。我们都能意识到自己行为的动机，这些动机应该是作为盲目推力的本能在大脑中的反映。

可是从身体上分离的理性开始提供虚假的动机了，所有冠冕堂皇的理由都是。我们引用它们来为经常出于自私目的的行为辩护。这些动机通常受周围环境的道德氛围、社会规范、宗教及其各种迷信的影响。这又要提到吝啬鬼布施的例子，他之所以这样做是希望有朝一日得到百倍的回报！理性看起来充斥着错误的指令："要这样""要那样""别做这个""别做那个"等等。理性强迫我们接受这些不符合我们性格的指令。

所以，理性一点也不会让人清醒。恰恰相反，它不断地笨拙地妨碍着它本应服务的计划，只有本能冲动似乎更有效率（理性阻碍了它）。你难道没有发现，有时候你想得越多，越是深思熟虑地做出选择，你就越纠结、越迷惘，反而无力做出任何决定吗？到最后，你必须把所有这些堆积的念头撇在一边才能发现非理性的欲望并付诸行动。反省何为良好选择，浪费了多少时间啊！结果不过是被拖了后腿，最终让你行动起来的还是那些动机。本应是明显的进步，理性难道不是被认为为我们带来启蒙之光的吗？事实上却是干扰、欺骗和痛苦的一个源头，这又有什么可奇怪的！

意志再一次地表现出它反常的非理性一面。它不过是暴露了自己的深层本性：不协调的、非逻辑的、自噬的、荒谬的……叔本华用澳大利亚牛头犬蚁做了个类比：一只牛头犬蚁，即便被切成两半，两个部分也会斗得不可开交，头想咬住尾巴，尾巴则用刺勇敢地防御。人类也是如此，都是分裂的，都是此类斗争的牺牲品。我们总是处于一种拧巴的状态——努力追求着够不到的理想，我们害怕自己真实的样子，我们除了做自己又别无选择！不向我们真实的样子低头铸就了一种针扎似的苦痛，无可救药，因酸楚而极具破坏力，这就是懊悔。

人的生活是"奇怪而痛苦的分裂"[1]，阿拉贡如是说道。

关键问题

1. 你难道没有灵光一闪的时刻，在电光火石之间，你清晰地看到自己的意志以绝对无法抗拒的方式在展开？我们并不总是对自己想要什么有清醒的意识，这种清醒的缺乏不只是我们的意识无力让我们的动机变得明了，它有时是因为我们的做法搅乱

---

1 语出法国著名诗人路易·阿拉贡的诗集 *La Diane française* 中的一首诗：*Il n'y a pas d'amour heureux*（《没有幸福的爱情》）。

了我们与自己的关系。你是否有时觉得，你一边对自己说"马上就会好的"，一边实际上是在按照你的意志预定的计划行事，甚至连自己都没有怎么意识到？

2. 你是否会花时间左思右想，以某种方式寻找行动的理由。需要的理由，看上去很好，却不一定像你干出来的。你是否寻求从言语上向某个榜样看齐，你认为维护这个榜样是正确的，你觉得这个榜样比真实的你更受别人欢迎？这些话语到底是让你确实变得更好了，还是只不过让你和自己的关系变得更加模糊和混乱？

3. 当你在两个立场之间犹豫不决，想得越多越觉得每边的理由一样都站得住脚的时候，走出来的唯一方法难道不是重拾在所有深思熟虑之前你就有的最初的冲动吗？仅仅是遵循心底的冲动这一事实，只要你重拾这份冲动，不是会让你把握满满吗，跟你听从理性的建议的结果相反？

4. 你有没有在别人那里发现，他们关于自己的说法有时跟他们的行为或者你对他们的看法是完全矛盾的？你是相信他们关于自己的说辞，还是更愿意从他们的行为出发去评价他们？为什么一个人的行为看起来和他们的性格而不是言谈更一致呢？你是否接受自己也可能如此？

5. 你能否回忆起过去让你觉得特别后悔的事（放弃某个领域的学业，分手或者绝交，没抓住的机会，浪费的时间，等等）？仔细想想你究竟后悔的是什么：你当时的意愿和现在不是同一个，还是没有足够坚持当时的意愿，没能及时准确地厘清这个意愿，没有坚持到底？如果你同意叔本华的观点（第二条建议），你是否会有同样理解？最终，你避免将来后悔的唯一方法就是完全体现你的意志，不要让错误的想法阻碍它？

6. 齐奥朗[1]（Cioran）在《手册》（Carnets）中说道："最真的忏悔是我们在谈论他人时间接所做的忏悔。"你有没有注意到人们指责别人有什么缺点，往往自己也有同样的缺点？

---

1 埃米尔·米歇尔·齐奥朗（1911—1995），法籍罗马尼亚裔文学家和哲学家，二十世纪怀疑论、虚无主义重要思想家，先后以罗马尼亚语和法语写作，晚年时享有极高的国际声誉，代表作有《在绝望之巅》《眼泪与圣徒》《解体概要》《着魔的指南》《思想的黄昏》等。

普遍的斗争

我们已经看到我们是被绑缚在自然力之上的，然而这些力量处于无休止的争斗之中：化学上的极性——正极和负极，吸力与斥力……甚至在原子层面，正负粒子之间的平衡也是脆弱的。叔本华从中看到了印度阴阳观念的源头。一座大厦屹立不倒只因重力和材料强度相对平衡。若是任何一方的力量发生改变，整个结构的平衡就会被打破。

我们的身体在自我的最深处是被这些对抗贯穿并撕裂的。

永久的斗争

在自然界占统治地位的是同一物种的个体间无休止的争斗，以及叠加物种之间的冲突。这样的争斗表现在各个层面。

这样我们在自然中就到处看到了争夺，斗争和胜败无常，转败为胜，也正是在这种情况中我们更清楚地认识到对于一直有着本质上的重要性的自我分裂。（《作为意志和表象的世界》，"意志的客体化"）

甚至在矿物界，各种力量都彼此对立。一个物体对桌子施加的压力对抗着桌子的抗力，若桌子抵挡不住，它就会在物体的重压下散架。我们在自己周围看到的静止状态只是表面的，它是彼此对抗的力量达到平衡的结果。

植物界也是如此，植物为了生存进行着激烈的竞争。我们能想到南美洲的附生胶榕树的例子，该树名的字面意思就是"树木杀手"。最初它不比一棵发财树大多少，它会沿着树干向上攀生，把树缠住，最后长到跟该树一样高，遮住树的阳光，然后树就死了，腐败的树干就成为附生胶榕树的养料。

这样的争斗和矛盾在动物界更为显眼。任何动物都可能在任何时候成为另一个动物的猎物和食料，从而让出自己的物质以供后者生存和表现，因为每个有生命的造物只能通过牺牲别的有生命的造物才能维持自己的生命。生命意志始终一贯是自己啃着自己，在显露出的不同形态中以自己为食。

我们人类搬演的也是一出类似的大戏……

侵略和统治的天性

这些在动物世界可见的争斗也常出现在人与人之间，

"人对人，都成了狼"（*homo homini lupus*）。可惜它们没有被理性或者言语超越，理性或者言语本可以升华我们潜在的暴力。

被掩饰的暴力总是出现在言语中。这方面的分析与目前的生物学结论一致。比如，亨利·拉博里（Henri Laborit）和阿兰·雷乃（Alain Resnais）的电影《我的美国舅舅》阐述了他们的观点，展示了我们的大脑就是被设计用来寻求影响别人的，目的要么是拿对方取乐，要么是让他没有伤害自己的可能。爬行动物[1]大脑的这些冲动（支配、生存、繁殖）没有在动物身上表现得那么突出，而是被掩盖在言语的文明特征之下，这是我们生活的社会所要求的。这种文明性让我们看彼此觉得舒服，至少是可以忍受，始终隐藏着一定程度的侵略性，是我们的大脑构造所固有的。比如，我们向身边人讲述我们的假期，对他说："你真该去，你一定会觉得棒极了！"这其实是在提醒他没有经历过我们向他吹嘘经历过的东西，是一种潜在敌意的标志。

这就是言语和人类关系的深层矛盾。叔本华用刺猬的例子来说明：刺猬挤在一起取暖，很快就挤成一团，又因为他们身上的刺互相伤害而不得不分开。

1　此处指人。——译者注。

在一段人类关系中，我们会在某个时刻觉得达到了某种平衡，我们称之为互相信任。不过这实际上只是我们达到了力量关系的平衡：我们对彼此同样有用，对彼此伤害的能力也一样。关系的稳定和平和只不过是两种均衡的力量最终找到了平衡。

走钢丝

我们应该悲叹一切都是无休止的争斗吗？不，冲突是必需的，更好的理念诞生于对它的超越之中。任何改善、任何更高的理念只能通过冲突达致。例如，社会冲突使得社会进步的实现成为可能：对少数族群权利的承认，补贴的发放，等等。同样地，或许你已经注意到，争论在大多数情况下都能结出硕果。它能唤起人的意识，一般情况下改进也随之而来。剑拔弩张的辩论催生出新的思想，这些思想与在心平气和的谈话中被漫不经心地放弃的想法相比也更为深刻、更为精妙。针尖对麦芒的体育比赛激发创造性和才华，没有激烈的比拼就不会有淋漓尽致的表现。所以，争斗有利于进步、改善和成长。

不过，获得的进步总是暂时的，没有什么能保证未来不会退步。这一切的发生就好像更高级的实现需要如此高的能量，以致后者一旦消失，重新堕入某种低级情况的危险就会再现。一种关系在某个时候可以达到最高境界，仿佛我们已经超越了双方的对立。同样地，它之后也可以陷入最彻底的消沉，唤起我们以为已经超越了的所有负面反馈。

叔本华在自然的运行中看到了这种脆弱性。在有机体中，比如我们的身体，一切的顺利运转以所有部分之间的良好配合为前提。每个器官各司其职，对整体的存在做出贡献。但是，我们没有充分意识到，这种配合是非常脆弱的，因为它完全是对抗各方实力均衡的成果。肠内菌丛的细菌发挥着自己的作用（消化），那是因为免疫系统的"秩序部门"把它们维持在正确的位置。可是只要肌体变弱，免疫系统被攻破，这些细菌就会离开原来的位置，侵入整个身体，从而造成败血症，有可能杀死从前跟它们"合作愉快"的肌体。因此，一个微小的因素（肠内菌丛的细菌）可能打败在复杂性上比它高级得多的整体并且摧毁它。它之所以没有得逞，只是因为我们小心防范。可是防范要消耗力量，肌体的平衡需要消耗能量以保证每个部分各安其位。在叔本华看来，世间一切概莫能外。任何地方，自然的低级的状态实现（如细菌，病毒，真菌）——因为更不复杂——

都渴望扩张，支配一切物质并造成高级状态（人、动物、植物）的解体。

没有胜利不是通过冲突而来的。较高的理念或意志的较高的客体化，既只能由于降服了较低级的理念才能出现，那么，它就要遭到这些较低理念的抵抗了。这些理念虽然是已降到可供驱使的地位了，总还是挣扎着要获得它们自在的本质独立完整的表出。（《作为意志和表象的世界》，"意志的客体化"）

单纯的燃烧在发生火灾时可以摧毁成片的、需要几十年时间才能形成的森林。如果没有什么阻止它，它恨不得烧光所有东西，这就是一种力量。如果遇不到能制止住它的对手，它就打算控制一切。对自然来说最为复杂的造物——生命，就可能瞬间化为灰烬。"高等的"经常被"低等的"意图置于死地。

你可能已经注意到，在一个项目中，协调对立的力量是多么痛苦的差事，而人与人之间的小冲突如何总是可能战胜更高的动机。最了不起的目标有时会因为细节和次要阻力而功败垂成。有多少次你绝望地看着伟大的计划被愚蠢地耽误？"千里之堤，毁于蚁穴。"地表微不足道的震动足以摧毁宏伟的都市。

多少能量浪费了呀！

争斗连续不断，由此造成的痛苦连续不断，因为一切都消耗我们很多能量。消化，这种最简单的活动就是很好的例子。我们的肌体需要动用所有的生命力量以求通过吸收营养战胜这些食物的化学的自然力（食物本身的构成也是为了抵抗外界的觊觎，所以一直在抵抗我们胃液的进攻）。因此，消化让肌体疲惫，从而导致我们的大脑反应和运行速度变慢。

同样地，我们的肌体对其组成部分的胜利，就像我们已经看过的关于细菌的情况，也必然会被不自在的时候一再打断。这种情况往往出现在争斗过于艰苦，让人筋疲力尽的时候。通体舒泰的状态从来不是完全的放松，肌体暂时平静的状态不会持续。即使肌体完全健康，它也必须继续驱除死亡、疾病、减退的力量。获得相对安宁的感觉要求不断地战胜离心力、战胜低等的力量，它们也渴望胜利并重掌对整个肌体的控制权。健康只是一种暂时获得的脆弱的平衡，因为彼此对立的力量（比如，免疫系统对抗细菌或细胞的恶性再生）势均力敌。只需轻微的失衡就足以让肌体感到难受。

所以，你可能不知道什么原因就感觉很累，觉得浑身不得劲，但是又没有任何确定生病的症候。

因此，健康的舒适感【虽然】表现着一种胜利，是自意识着这舒适感的有机体的理念战胜了原来支配着身体浆液的物理化学规律。可是这舒适感是常常被间断了的，甚至经常有一种或大或小的，由于那些物理化学力的抗拒而产生的不适感与之相伴，由此我们生命中无知地运行着的部分就已经是经常的和一种轻微的痛苦连在一起了。（《作为意志和表象的世界》，"意志的客体化"）

我们进行的无休止的争斗，甚至是在我们的生物学身体之内，为我们的存在、情绪、生命力水平提供的一定的不稳定性做了解释。所有的活动，即便是令人愉快的，都意味着能量的支出。

和一个团体组织活动意味着持续的工作，好在彼此对立的欲望中建立一些秩序，降低一些人的自立欲望和另一些人的一意孤行，并且围绕同一个目标激励所有个体，与团队的惰性做斗争。平静、和谐的时刻也是非常脆弱的且不易获得的。我们可以寄希望于在每次争斗之后都完全恢复体力吗？

毫无疑问，胜利令人愉快，有利于增加个体的自信。但是，即便这种取胜的感觉让我们暂时忘却了争斗引起的疲倦。疲倦也一直都在，只是被高涨的情绪掩盖了。疲倦一方面来自肾上腺素的下降，另一方面也来自恢复体力的需要。这样一来，如果胜利从来不是决定性的，我们为了获取胜利应该付出的能量反过来就会对我们造成不可逆转的消耗。我们最终就不再能够像以前一样容易投入新的挑战，会觉得自己出局了。争斗后的如释重负被某种苦涩或无力的感觉所败坏。

关键问题

1. 你生活中获得的成就是不是在斗争中取得的？你与什么争斗？你是否认为争斗让你超越了自我，成为了更好的自己？你会不会说人与人之间的敌意或者向别人证明自己价值的需要总是有益的？你是否觉得生活就是一个接一个的挑战，间或休息的时候也是为了在下一次战斗之前恢复体力？

2. 试着回忆曾需要你付出巨大精力的争斗，事后你完全恢复精力了吗？疲倦的"残留"难道没有持续？不正是这些争斗造成了潜在却深刻的疲劳感吗？你明白叔本华所说的"生活是件得不偿失的事"的意思了吗？

3. 一场胜利可能是一劳永逸的和决定性的吗？叔本华认为，低级的力量总是能够战胜高级的、更复杂、更进化的力量，你明白他想说的吗？你最近一次因为自己的坏情绪搞砸的美好时刻（曲会，朋友聚会，美事）是什么？你有没有过这种经历：因为气愤、不适、疲惫让你不想动，懒得见人，情绪低落，兴味索然而愚蠢地伤害了一些高级情感（友情、爱情、承诺）？

4. 你有没有发现在人际交往中人们不停地互相伤害？人与人之间的关系恰如叔本华形容的刺猬一样：我们越是亲近别人，别人就越有戒心，反之亦然。有人主动亲近你，想了解你，反而让你满腹狐疑。一段可以维持下去的关系难道不是以恰到好处的距离（既不太疏离，也不太亲密）为前提的吗？为了不伤害自己，我们不是宁愿放弃人与人之间的温情？我们不是总在捍卫自己的生存空间不受别人侵犯并坚持战斗吗？

第三章

行动方案

超　　　越　　　幻　　　觉

从痛苦之因中解脱

如何停止受苦？摆脱荒谬、盲目的意志——我们所有痛苦的根源，这个答案暗含着一个悖论：如果一切就像我们刚刚看到的那样，都是意志的显现，那么摆脱意志如何成为可能？

认识：解放的工具

本章的目的是转变我们看待世界的眼光。目前，我们生活在表象之中，却把表象当作现实。我们必须穿透这幻觉的帷幕——"摩耶[1]之幕"，才能理解万物本质的唯一现实。

最初的幻觉由理性原则制造，叔本华鼓励我们摆脱它。什么意思呢？理性原则在于根据认识的三个范畴解释所有现象：因果性、时间和空间。人们只有把某种东西置于一定的空间、时间并且把作为结果的它与其直接原因联系起来才能认识。只有满足这三个条件，某个现象对我们来说才是可感知的，才有意义。假设我们目睹了一场事

---

[1]　摩耶（Maya）是印度教神祇，她创造、延续和主宰幻觉与魔法。

故：一只猫被一辆汽车碾死了。感知这件事需要把组成部分（猫和汽车）置于一定的空间组织（人们根据相对关系对它们进行物理定位：猫位于汽车"前"）中，然后再置于一定的时间组织（理清它们的时间关系：猫穿过马路，然后汽车开过来把它撞飞）中。最后，一个原因造成一个结果（汽车造成了猫的死亡）。或许除了为小猫难过和指责汽车，我们也做不了别的。然而，就在我们这么做的时候，质量——这个导致小猫死亡的唯一的"罪魁祸首"（猫的小身躯无法抵抗汽车施加在它身上的重量），正在杀死成千上万的生命，并且遭到无数其他力量的抵抗，有的它能摧毁，有的却不行。力量之间的争斗随时随地都在发生。

所以，必须打开我们的眼光，超越于单一的现象，别只盯着眼皮子底下的事，不要把自己封闭在知识的藩篱（空间、时间、原因）之中，而要考虑力量的爆发，这样才能有清醒的头脑。

【其实】在纯哲学上考察世界的方式，也就是教我们认识世界的本质从而使我们超然于现象的考察方式，正就是不问世界的何来，何去，为什么而是无论在何时何地只问世界是什么的考察方式。【……】从这种认识出发的有艺术；和艺术一样，还有哲学。【……】有那么一种内心情愫，唯一导向真正神圣性，导向超脱世界的内心情愫。

（《作为意志和表象的世界》，"生命意志的肯定和否定"）

我们已经知道认识通常为意志服务，因为认识组织合适的手段去实现意志确定的目标。不过在叔本华看来，获得某种超越了表象的高层次认识是可能的，这就类似于说，人们最终真正认识到生命意志的属性之后，可以超脱它。

不再做表象的玩具

人们执着于本质上易逝、善变、无常的表象。在第一部分中，我们已经看到现实的无常是我们痛苦的原因之一。我们执着于不能持久之物并经常性地为失去所苦。我们珍惜被撞死的猫，消逝的爱情，等等。

我们必须明白我们在乎的一切都只是梦幻泡影，注定是要变动不居并且消失的。我们是"个性原则"制造的幻觉的牺牲品。

个性原则是感知真实世界的一种主观方式。它促使我们把现实分割成众多独立的、不同的个体，存在于空间和时间中。而在叔本华看来，这一现实是"一"而且是"唯一"。想象一下，地球上的全部人类合成为一个人且只有一个人，让你相信人有很多的原因是你"共时性"（在空间中）看到"历史性"（在时间中）的人。你其实是在时空中反复看到了同一个事实——唯一的人，叔本华称之为"人的理念"。这一切恰似你看万花筒的情景：东西只有一个，棱镜却有几千个面，实则都反映着同一个物体。如果你不了解棱镜的奥秘，你还真以为自己看到了几千个不同的东西。个性原则即为棱镜。当然了，这个论据着实形而上学，不过它对我们的幸福有着直接的影响。

因为个性原则让我们相信，跟我们发生联系的是一些独特的个体，它们的逝去是不可修复的。我们为路上被碾压而死的猫潸然泪下。可是在这只猫的背后存在着"猫的理念"（唯一的猫），所有的猫都是它的不同显现。所有的猫属于同一个永恒的范式；它们只是这唯一的、永恒的源头，即理念的个性化变体。猫的个体之间有什么重要的区别吗？没有！在叔本华看来，这只猫和那只三百年前在院子里玩耍的猫没有区别，它们做着一样的跳跃，转着一样的圈圈。让我们觉得它们之所以彼此不同的原因是它们分开的这三百年时间，可是这个时间间隔只不过是我们感知现实的主观方式：在叔本华看来，时间并不真正存在。

　　还有，那些爱猫的人爱的难道不是超越了这只或那只猫的同一猫性吗？即所有的猫所特有的总体特征的集合（猫作为物种的特征），他们只是在这只猫身上重新找到了猫性而已。失去"一只"猫并不妨碍他们以后再养一只：他们所向往的是超越了所有猫的猫性，叔本华称之为"理念"。

　　当一段感情结束，人们常常一蹶不振，整日为此哭泣，以为永失我爱，一切都会跟从前不一样……可是，如果我们足够睿智，换个角度看问题，我们很快就能平复伤痛：我们在"一个"人身上体验到的爱情，只是爱情的"一"面。我们并没有因为这段特别的爱情经历拥有过所有爱情。我们拥有的仅仅是一部分，一段个别的、有限度的显现。爱情的其他显现有待我们去探索，通过其他人探索爱情的其他不是aspect（面向）。所以，按照叔本华的说法，我们必须明白在爱情个性化的独特的（singuliève）显现（爱情经历）背后，立着的是爱情的理念，而它是永恒的，始终在场，具有无限可能。所以，为爱情理念的一种易逝、有限和不完美的表达而哭泣实在是大错特错。俗话说"天涯何处无芳草"，说的就是这个意思。

　　为了不再为这些失去、离去而悲伤难过，我们必须超越于个体的表象之上，看到这一切表象背后的同一个本性——理念。

在浮云飘荡的时候，云所构成的那些形相对于云来说并不是本质的，而是无所谓的；但是作为有弹性的蒸汽，为风的冲力所推动【时而】紧缩一团，【时而】飘散、舒展、碎裂，这却是它的本性，是把自己客体化于云中的各种力的本质，是理念。云每次所构成的形相，都只是对个体的观察者的【事】。(《作为意志和表象的世界》，"表象和理性原则"。)

找到多样性背后的统一性

在自然界中，我们处处可以在事物表面的多样性背后发现唯一的力量。漫流于石上的溪流可归结为单纯的重力。水面的漩涡只是表面现象。溪流的理念或说本质，是无弹性的、易于流动的、无定形的、透明的流体。同样地，窗户玻璃上的薄冰按照结晶规律而形成结晶体。但是，所形成的各种痕迹是偶然的，唯有结晶，作为自然力，是本质的。

现代物理学，特别是量子物理学证实了这种自然观：一个物体是量子这种微小能量的聚合体，是运动着的能量。以桌子为例，我们看它是个物体，是就它的用途而言，不过现在我们不再用它，而是看它无限小的结构。它是由原子构成的，而原子是由围绕着原子核运动的电子和质子构成的。这些并不是我们所认为的静止的物质微粒，而是微小的能量，很容易运动起来（特别是在光作用下）。按照这个思路，只由原子组成的桌子就变成了运动着的能量。而桌子靠着的墙也是能量，地板或桌子上方的天花板也是，诸如此类。用物理学家的眼光去看，我们周围的一切都变成了一个个的能量块。

因此，我们应该"转变"自己的眼光，透过纷繁的表象看到唯一的本质。

成为世界的观众而不是演员

我们应该深刻改变我们对世界的认识。目前，它使我们屈从于生命意志的专制而不自知。因为我们对事物的感知根本上建立在它们对我们的作用的基础之上。如果它们令人开心，我们就去追求（它们迎合了我们的欲望和利益），反过来，我们就避之唯恐不及。我们判断一切都是从有意识或无意识的欲望出发，正是这点把我们捆缚在意志之上。

为了从中得到解脱，我们应该换一种与相互作用（拥有或逃避）不同的方式来理解事物，并把它们看作理念。这样面对一个认识对象时我们就变成了认识的主体，用一种跟这个对象没有实际利益关系的人所具有的那种抽离的观审的态度去认识。

这种认识水平相对于意志是一种解放。我们不再关注这个或那个现象，而转向关注一般现象的本质。我们不是在行动中，而是在观审中。观审的对象不再触动我们，不再要求我们互动。我们可以从此用同样疏离的态度来看待这个世界。

这种崭新的清醒态度让我们不再是幻觉的玩具，而是自然真实运行的观众。我们在人间喜剧中也应该如此行事。人类唯一的特征正是存在彼此冲突的个性。

看一场会议中的戏码吧。我们总是会发现相同的性格类型：与领导对着干的人抓住任何机会表达反对意见、陈述反对理由；冷嘲热讽的分裂分子，利用任何时机通过冷眼或不屑的微笑嘲讽别人的话；忠心耿耿的配合者，总是完全同意领导的意见，顺着领导的意思发言；故意抬杠者，通过质疑不断推进思考，但自己没有想法。不管是什么主题、什么问题、开会的地点在哪儿，这些性格总是在场。他们在会议过程中发言的理由仅是表现自我的借口。

每个人看上去都被一些力量驱动着（愤怒，抗拒，忠诚，大度），这些力量抓住总是与其一致的时机起着作用，把每个人困在各自的角色里。

试图进行真正的思想辩论，只注重论据，或许纯粹是浪费能量。因为在性格的碰撞中，重要的并非正方或反方的论证。在自我的冲突面前，再美好的计划都可能失败，再深刻的思想都可能被否定……我们亲历的类似的失败还少吗？

但是没有理由用这样的观察折磨自己。想到人们并非有意为之（他们都为自己不能选择的性格所困并相互拆台）反而令我们觉得他们不那么可憎。他们并非故意为恶，恶源于性格的互相碰撞。人际关系中所有的错过、失败、未完成的事，莫不如此。

摆脱懊悔

所以，我们应该避免为世事不顺、为美好愿望落空而难过。这正是下面这段陈述的主旨，尽管它只是一种假想。

假如有那么一天，容许我们在可能性的王国里，在一切原因和后果的连锁上看得一清二楚，假如地藏王菩萨现身在一幅图画中为我们指出那些卓越的人物，世界的照明者和英雄们，在他们尚未发挥作用之前，就有偶然事故把他们毁灭了；然后又指出那些重大的事变，本可改变世界历史并且导致高度文化和开明的时代，但是最盲目的契机，最微小的偶然，在这些事变发生之初就把这些事变扼杀了；最后【还】指出大人物雄伟的精力，但是由于错误或为情欲所诱惑，或由于不得已而被迫，他们把这种精力无益地消耗在无结果的事物上了，甚至儿戏地浪费了。如果我们看到了这一切，我们也许会战栗而为损失了的旷代珍宝而惋惜叫屈。

但是那地藏王菩萨要微笑者说："个体人物和他们的精力所从流出的源泉是取之不竭的，是和时间空间一样无穷无尽的，因为人物和他们的精力，正同一切现象的这【两种】形式一样，也只是一些现象，是'意志'的'可见性'。那无尽的源泉是以有限的尺度量不尽的。因此，对于任何一个在发生时便被窒息了的变故或事业又卷土重来，这无减于昔的无穷无尽【的源泉】总还是上开着大门【提供无穷的机会】的。在这现象的世界里，既不可能有什么真正的损失，也不可能有什么真正的收益。唯有'意志'是存在的，只有它，【这】自在之物；只有它，这一切现象的源泉。它的自我认识和随此而有的，起决定作用的自我肯定或自我否定，那才是它本身唯一的大事。"(《作为意志和表象的世界》，"表象和理性原则")

　　那些没能诞生并充分施展的东西（如才华、天赋、美好计划、等等）会有其他的机会出现并确立自己的地位。人类尺度的时间是有限的，但世界尺度的时间不是：机缘会在另外的生命中重现。在绝对中，没有什么会失去，因为一切现象的源泉是永恒的。

　　因此，我们应该摆脱时间和空间的桎梏，它们只是人类表现现实的一种幻觉形式。表象被困在固定的时间和空间范畴，而在真实中，一切都以可能性的形式存在。上面的寓言表明，对叔本华来说，在没有不可逆转性的意义上时间不是线性的。这些由于疏忽而没有实现的可能性可能会在明天完成，可能性永远都有可能。这种事物观可以消除已经提到过的一种主要痛苦：懊悔没有去做我们本可以做的事情。

　　作为心理学家的叔本华告诉了我们生活痛苦的一个深层原因：没有充分利用生活的感觉，把我们拥有的时间浪费在了无意义的事情上。这种虚度光阴的感觉促使我们渴求更多的时间，一次又一次地给我们东山再起的机会。我们想要长生不老，希望有补救的机会、做得更好的机会。我们认为事不宜迟，否则就会永远失去一切。我们感到对没能发生的负有责任……然而，只要认为这些以后会以另外的方式、在另外的时机发生，就足以卸下重负。唯有永恒是真实的，有限的时间只是表象。

在摆脱了线性时间的世界中，一切都以某种永恒源泉产生的可能性的形式存在，这样看待世界让我们摆脱了时间的压迫，卸下了去做"值得做的事情"的责任。没有做过的事，未被发掘的宝藏，未被看到或创造的美以后会由别人完成，他们只是我们的变形。

哲学—行动

1. 你能不能超越个体性来沉思事物（由一朵个别的云想到云的整体，然后想到"云的本质"，唯一不变的本质，尽管云表面上形态各异）？这样看待不同的人和物，最后看待自己。我们很难长时间保持这样的觉知，可是尽管短暂，这样的觉知却能促使人发展出另一种世界意识。这是解脱之路的第一步。

2. 用一种沉思的而不是实用的眼光看待事物。

比如，把注意力集中在某个物体上：一棵树，一幅画，等等。观照它的构造、形式、光线在它上面的变化……将注意力集中在物体身上，同时去除把你带回自己的多余想法，慢慢地在物体中忘却自己，使物体变成唯一的真实。就这样，让你的意识与物体的意识合二为一，直至失去自己的概念，失去你的主观性。这样，你就可以做到超越你的个体性，超越"物我"关系，达到另一种意识状态。

3. 一次不幸或失去就让你悲痛欲绝。请你想想就在同一时刻，这世界上成千上万的失去正在发生，都是出于相同的原因。想想所有这些盲目地践踏、碾压、摧毁、粉碎生命美和善的力量。想想为了永恒就需要如此，因为这些力量是自然之力。这种关于世界的冥想不是会稍稍纾解你过于个人化的痛苦吗？

4. 观察世间百态。利用人多聚集的机会研究性格的表现，仔细观察这些性格是如何利用这个或那个机会来展现自己的：易怒者借鸡毛蒜皮的事发脾气，自私者找出这样或那样的理由为自己的自私辩护，等等。然后仔细观察这些性格在行动中彼此敌对、互相干扰、相互拆台的方式，或者正相反，观察他们尽管不情不愿却努力使事情朝向一致有利的行动方向发展的方式。这些性格难道不会让你想起海面上的波涛汹涌，波浪结合、激荡或者消失？

5. 思考流逝的时间。如果你能够把时间不可逆的观念，连带它所施加给你的压迫（"我必须成功，我过去已经失败一次了"；"留给我做好这件事的时间不多了"；等等）替换成无限时间的观念，相信根据这一思想，顺利完成你所想做的事情的机会以后会有很多很多，你难道不会感觉安心吗？你对时间的认知，认为它是有限的、线性的、不可逆的，是压力之源。现在你是否理解叔本华的必须摆脱我们主观的时间观念才能获得安宁的思想了吗？

6. 试着反思一件让你懊悔的事情，对自己说你并不缺少意志，只是意志没有遇到合适的时机有效地表现出来。因为我们控制不了的众多因素阻挠了我们的行动。这种想法会让你面对过去时更加心平气和一点吗？

静观美感，品味安宁

让我们在解放的道路上再向前一步，欣赏美景或者艺术品可以让我们获得无关任何欲望的内心满足。欲望要求占有，因为它是对缺失的意识（欲望对象被认为可以弥补该缺失）。我们已经知道占有带来的满足不是持久的，很快又会产生新的欲望。新的短暂的满足，就会这样一直循环下去。安宁似乎是不可能的。可是，审美上的满足却可以带来期待的平静与内心安宁，因为它不与任何欲望相关。

从静观到安宁

我们欣赏风景的时候往往感觉非常放松，美的欣赏令人平静。因为这让我们远离了行动，远离了生命意志的掌控。这是一种停止意欲、不再屈从于意志的手段。我们把目光从心心念念的个人利益上移开，从整体上去看世界，为世界本身而看，不再关乎我们自身。

所以一个为情欲或是为贫困和忧虑所折磨的人，只要放怀一览大自然，也会这样突然地重新获得力量，又鼓舞起来而挺直了脊梁；这时情欲的狂澜，愿望和恐惧的迫促，【由于】欲求【而产生】的一切痛苦都立即在一种奇怪的方式之下平息下去了。（《作为意志和表象的世界》，"表象和理性原则"）

叔本华对我们说，在所有的感官中，视觉是与意志联系最不密切的感官，因为视觉无所谓痛苦和快乐。听觉和嗅觉完全地受制于此二元对立：声音要么难听，要么悦耳；味道要么好闻，要么难闻。触觉要稍稍自由一点，尽管我们的皮肤仍旧能感觉得到布料是柔顺还是粗糙。而视觉呢，若我们只是用眼去看，不带任何评判地感知，则是没有刺激性的。当然了，强烈的阳光也会晃得我们睁不开眼，可是眼睛从视觉上不会感觉到痛苦或者温柔，光线的变幻反而让人乐此不疲。我们只要想想黄昏时分斜斜撒向地面的光线就明白了，一切都沐浴在更为生动的色彩之中，安宁的感觉便油然而生。

当自然展示自己的时候，我们所能做的就是享受它的美。

当我们开始领会到美的时候，意欲完全从意识中消失了。意欲才是我们一切悲哀、苦痛的根源。这就是那与审美相伴的愉悦和欢乐的根源。【……】正如我们所知道的，作为意欲的世界是第一位的，而作为表象的世界则是第二位的。前者是欲求的世界，因此也就是充满花样繁多的痛苦和不幸。但后者恰恰相反，就其本身而言本质上是没有痛苦的；此外，表象世界还包含了值得一看的景观，一切都是那样的意味深长，至少是甚具娱乐性。美感愉悦就在于享受这些景观。（《附录和补遗》第2卷，"关于美和美学的形而上学"）

艺术品的妙用

艺术品也可借助静观通向解脱。有了艺术家，享受世界的景观便成为可能。这没什么好奇怪，因为艺术家擅长观照自然。艺术家看待事物不是根据事物对他的用处，因此摆脱了事物所属的关系网络。例如，他把它们从时间关系中解放出来，把通常先后相继的场景放在同一个空间中讲述。以同样的方式，艺术家也可以打破空间限制（抽象艺术家就是这样）：物体脱离赋予其意义的习惯场所而独立存在。如此一来，艺术家就赋予它一种象征意义。比如，米罗画作中的梯子，达利作品中软塌塌的钟表，康定斯基的红色圆圈，等等，就属于这种情况。

艺术家以看世界的方式尝试揭示世界隐藏的本质：种属或者个体背后的性格（一个陌生人的肖像对我们说话正是这个原因），或者赋予个体生命的力量（就像引力对于一个无生命的物体，像静物画）。艺术就这样为我们此前提到的理念提供了出口。比如，画家塞尚力图呈现出圣维克多山的本质。在笔触、色彩对比、未完成的画作上，他试图让自然中隐藏的力变得可见：正在运动的盲目的力，被他画在了看似正在运动的风景中。这是一种从内部描述的方式，这幅风景处于不稳定的、脆弱的、不断重启的秩序中，随时可能坠入混乱色彩笔触及其对比创造出了一个不安的自然图像。所以，并不是欣赏平静的景色而是对理念本身的静观让我们得到安宁，即在可观察到的现象中显现出自然的本质。

叔本华认为，艺术能够用永恒的表达方式把漂浮于波涛表象上的东西固定下来。艺术家怎样看到这永恒的一面呢？这有赖于他高度发展的认识，比别人有着强烈的愿望推动艺术家致力于表现一般的事物（他为自己确立了比普通人更高、更丰富的精神追求，这一点引领他更好地认识世界）。艺术家比普通人更有天赋看到整体，却做不到岁月静好。叔本华解释说，艺术天才与中人之资相比，其特性无可置疑，但并不能保证他拥有平静的生活。他的不安、在人群之中找不到位置的苦恼、意志的强烈、有力的激情、整体观——在普通人满足于走马观花和好奇心之处，以及他游走在疯狂边缘都使得艺术家不易接近，让人害怕。作家弗吉尼亚·伍尔夫（Virginia Woolf）就是一个很好的例子。她曾深受精神折磨和焦虑之苦，仅为了构思一本新著，差点精神失常。她只有在思考新著的过程中或者彻底完成书稿以后才能平静下来。艺术家似乎从自身痛苦经验的最深处发掘自己有能力使之具有普遍性的东西，再经过创作之后最终呈现在世人面前，以引起共鸣。

多亏了艺术，最深的痛苦也可以发生升华：通过写作《到灯塔去》，弗吉尼亚·伍尔夫终于摆脱了她对母亲怀有的执念和在父亲身上体验到的爱恨交缠的感情。通过艺术家关于自我和世界的创作，我们也能够作为纯粹的观众看到他们所看到的。这是作品的力量。自我解放的倾向是我们人类所特有的，尽管对于那些深陷行动泥沼的人来说难度很大。艺术作品至少有能力迫使人们改变眼光，因为天才艺术家邀请我们在个别中看到理念。其作品通过表现和输出理念带给我们审美愉悦。

正如植物学家从无限丰富的植物世界里摘取了一朵鲜花，然后把它剖开，以便让我们看到植物的本质。同样，诗人从熙攘不息、迷宫般混乱的人类生活岁月中提取了单独的一幕，甚至经常只是人的某种情绪和感触，以此让我们看清楚人的生活和本质。(《附录和补遗》第2卷，"关于美和美学的形而上学")

于是，为了摆脱生活的痛苦，经常接触艺术作品是绝对必要的。

音乐抚慰心灵

所有的艺术之中，音乐最能给人们带来慰藉，与身体和心灵的交流最为密切。它能抚平我们内心深处的创痛。每个人都深知这一点，人们对音乐指数级别的"消费"就是明证，接触音乐已经变得轻而易举。

原因自不必说。叔本华告诉我们，音乐可以让人直接抵达意志。因此，在艺术的等级内，音乐拥有特殊的地位。我们的身体本来就只是意志的表达，它是不会错的。在音乐的感染下，它会激动、起舞、摆脱功利性活动，使人全情投入一种自发的运动。音乐是意志在我们身上的表达，不过这个意志不再让我们按照目标、实用主义的约束行事。我们并没有想要什么特别的东西，音乐就流露而出，好像它只是纯粹的冲动能量。从这个意义上说，音乐是解放者。

音乐首先把我们从自我中解放出来，它能触动我们内心深处，似乎是在我们的想象、记忆中汲取表现的素材。莫扎特的《安魂曲》(Requiem) 诉说的更多是听者自己的死亡，是听者自己的悲哀思绪，而不是作曲家自己的死。只需全身心地倾听一首伟大的曲子，我们就可以发现声音能使人想起各种画面、记忆的片断以及似曾相识的感觉。矛盾的是，音乐同时又超越了私人。它似乎在谈论所有人，谈论全人类的经验——死亡、爱情、弃绝、挑战、失败、胜利、恐惧、快乐、悲伤……音乐把内在搬上普遍性的舞台，逼着我们摆脱自身的个体性，向人类的处境开放。所以，很神奇地，音乐既私人又普遍，近在咫尺又远在天边。

因此音乐不是表达这个或那个个别的、一定的欢乐，这个或那个抑郁、痛苦、惊怖、快乐、高兴，或心神的宁静，而是表达欢愉、抑郁、痛苦、惊怖、快乐、高兴、心神宁静等自身；在某种程度内可以说是抽象地、一般地表达这些【情感】的本质上的东西，不带任何掺杂物，所以也不表达导致这些【情感】的动机。然而在这一抽出的精华中，我们还是充分地领会到这些情感。由于这个道理，【所以】我们的想象力是这么容易被音乐所激起。【想象力既被激起】就企图形成那个完全是直接对我们说话的，看不见而却是那么生动地活跃着的心灵视界，还要赋以骨和肉；也就是用一个类似的例子来体现这心灵世界。（《作为意志和表象的世界》，"表象和理性原则"）

音乐同样能把我们从生命意志中解放出来。一段没有歌词的音乐小品能在我们的想象中激发各种各样的不确定的画面：一段快板可能让人想起一场追逐赛，一段胜利的舞蹈，一次贴身的决斗或者其他无限的可能。音乐令人想起转瞬即逝的无限可能。

同样，谁要是把精神完全贯注在交响乐的印象上，他就好像已看到人生和世界上一切可能的过程都演出在自己的面前；然而，如果他反省一下，却又指不出那些声音的演奏和浮现于他面前的事物之间有任何相似之处。（《作为意志和表象的世界》，"表象和理性原则"）

在极其丰富和渐趋消失、无序和井然有序之间，音乐向我们揭示了意志和世界的本质。像意志一样，它精确而内容不定，矛盾而不可捉摸，冗长而简短。它让我们明白世界的真正质地，不是通过判断力，而是通过直觉认识直抵人心的。它为我们提供了再合适不过的关于生命意志的学问，而这种知识解放了我们，安抚了我们的内心。

所以，我们有理由使用，甚至滥用音乐作为我们最忠实的安慰者、我们的镇痛剂和安定药。塞利纳在这点上与叔本华倒是不谋而合，他说："当我们自身没有足够的音乐来让生活起舞的时候，抑郁就会来。"

无意志之眼

我们看到，静观自然或艺术品的一个隐含目的就是抽离自己，使自己好投入地观看世间大戏。因为在追求快感、利益和满足的过程中，我们一直是生命意志的种种要求和失望的奴隶。脱离自我，特别是不再把自我置于世界的中心而是把世界本身置于中心，是十分必要的。这正是静观的作用。在静观中，我们所有的注意力都被放在观审对象身上。比如一处风景，它变成了唯一的真实，于是我们的意识脱离了躯壳，处于飘浮状态，好似一道被纳入风景的目光，与风景完全融为一体。在这样的时刻，我们摆脱了自我。

我们能够通过眼前的对象，如同通过遥远的对象一样，使我们摆脱一切痛苦，只要我们上升到这些对象的纯客观的观审，并由此而能够产生幻觉，一切眼前只有那些对象而没有我们自己了。于是我们在摆脱了那作孽的自我之后，就会作为认识的纯粹主体而和那些对象完全合一；而如同我们的困难对于那些客体对象不相干一样，在这样的瞬间，对于我们自己也是不相干的了。这样，剩下来的就仅仅只是作为表象的世界了，作为意志的世界已消失【无余】了。（《作为意志和表象的世界》，"表象和理性原则"）

所以，追求的目标就是解放我们惯常被意志奴役的认知，并且忘记我们个体的自我。这意味着变成一只没有意志的眼睛。于是，世界变成一场演出或者表演，不再是我们的生命意志狼奔豕突的空间，再没有什么东西可以任意摆布我们。从此以后，管他这只眼是在囚室还是在宫殿静观日落，管他这只眼是属于一个强力的国王还是可怜的乞丐！

即使我们能够达到这样的超脱，它也不会持久，疲倦、必要的行动，都会让我们重蹈覆辙。所以，我们应该尽可能经常地通过静观，更确切地说通过艺术，尝试找回那些安宁的时刻，以便明白那才是我们注定的归宿。

关键问题

在你阅读的小说中，即便发生的故事无论在地理上还是时间上都距你很遥远，你大概也会至少在某些方面认同其中的人物。这样做的原因是你出于更好地了解自己的目的把这些人物和自己做比较，还是这些人物的悲欢离合是所有人基本都会经历的？

后一种可能性，不正表明你把人类的全部境遇纳入自己的个体性之中，表明最重要的不是想通你个人的忧患而是想通整个人类所特有的困境吗？

这种由普遍认识所赋予的观念超验性，不是比单纯的自我反省更具启示性吗？

哲学—行动

1. 我们经常反复思考同样的想法，久而久之，这种反复就变成了毒药。正确的做法是一下子清空这些反刍再三的念头，换换脑筋。选一幅画，全身心地去看，直到进入画中的世界。不管看到什么，尽情发挥你的想象力。这个练习是否会在你身上产生醍醐灌顶的效果？

2. 观看塞尚的一幅描绘圣维克多山的画，你是否从中看到了被地质作用、被风加工的风景，其脆弱的形态好像随时都会解体、失序？透过这幅作品，你是否感到了生命意志在不断地塑造、重塑着大自然？

3. 试着在自然中找一个地方（一个美丽的地方），每天去那儿看看。这种日常的修炼会给你带来平和的心境吗？

4. 听一段音乐，最好没有人声。观察这段乐声让你想到的画面，以及种种感觉。让你的大脑尽情驰骋，随意联想。发挥画面联想，不去想自己，沉浸在音乐中。它们说的是你，是普遍的人性，还是兼而有之？重复这个练习，你有没有从中汲取到一种内心的平静，仿佛忘却了自己？

摆脱自我

利己主义乃爱自己的一种直觉形式，存在于人类和兽类的天性之中。它源于自身的生命意志。在这方面，人比动物唯一优越的是人能表达他的关切，并且把"自私的"这个词替换成"有关的"。这种性格特征在人际交往中是真正的祸患，因为源自生命意志的它会让人变得贪婪、欲壑难填，一门心思想要压倒别人、随时准备吞噬一切。但我们仍然能摆脱利己心，条件是我们要对它有充分的认识。

对别人的不信任

我们总是怀疑别人做任何事都是为了他自己的利益。由于他的利益永远不是我的利益，利己主义不知疲倦地在我们和他人之间挖下鸿沟。别人在我们眼里有价值，只是因为他对我们有利；反之，我们也知道他之所以对我们感兴趣都是因为我们可以给他带来好处。

当我们交一位新相识，我们第一个想法通常是，这人是否多少对我们有用。如果他不能做任何对我们有利的事，一旦我们认识到这一点，一般地说，他本人对我们也就变得无足轻重了。（《道德的基础》[1]，"对康德道德学基础的批判"）

---

[1] 《道德的基础》，选自《伦理学的两个基本问题》。【德】叔本华著，任立、孟庆时译，商务印书馆，1996年9月第1版，2021年8月第10次印刷。本书以下出自该书的引用均只标明书名、相应部分及页码，其他详细信息不再重复。——译者注

　　这种想法使得别人对我们而言成为不可忍受的。根据同样的原理，也必定会轮到我们在别人眼里成为不可忍受的。最终，因为彼此利益的冲突，人与人之间的关系恶化到无以复加。我们能够克制利己心吗？

　　可惜！"我"从自己出发判断一切，因为他是以直接的、确定的方式来认识自我，却只能间接地认识他人，所以他更愿意相信自己而不是相信别人，他人总是不确定性更高而可靠性更低的。叔本华还举了提建议的例子来说明人际关系可能达到的恶劣程度。我们征求某个人的建议时，一旦怀疑他与此事有利害关系，哪怕是八竿子打不着的关系，也会立即失掉对他的信任。我们毫不怀疑他不会根据所看到的，而是根据他所"想要的"向我们提出建议。他的意志必定会流露出来——即使他自己没有意识到——始终追求达成自己的盘算。

　　因为直接命令这答复的是他的意志，或者这问题可能老是在他的真正判断裁决以前提出来。因此，他设法使我们的行动不出乎他自己利益的框架，甚至连这一点都未意识到，而当他认为他是根据自己丰富的认识说话时，他不过是他自己意愿的代言人；确实，这种自欺甚至可能导致他撒谎，他却没有意识到这一点。意志的影响胜过理智的影响竟这么大啊。（《道德的基础》，"对康德道德学基础的批判"）

要如何停止抱怨这无处不在的利己主义呢？再一次地，作为观众去观察别人和自己身上的利己主义可能会带来解脱。

放弃自我徒劳的争斗

虽然我们意识不到，但我们的自我却无日不在地进行着耗费精力和绝对徒劳的争斗。所以，获得安宁意味着摆脱"自身"，摆脱好斗的自我。

这就要求我们首先不在意"我"所具有的外表、外貌：对身材、颜值、变老的担心；长得漂亮的人很难接受眼看自己"失去光泽"，把存在意义建筑在征服异性之上的人悚然发现自己在性事上不再那么积极，等等。同时，也要放下我们的社会性外表：对别人的认可、评价、赞扬的担心；想要显得比别人聪明，跟说自己坏话的人掰扯一番，谈话中占上风，冲突中不丢面子，等等。反正，刺激自我的机会是不会缺的！

我们无论要做什么或者不做什么，首要考虑的几乎就是别人的看法。只要我们仔细观察就可以看出，我们所经历过的担忧和害怕，半数以上是来自这方面的忧虑。（《附录和补遗》第1卷 [1]，"人生的智慧"）

　　所以，超脱就是不在乎别人对自己的看法，无论是正面的还是负面的，也不在乎自己在别人眼中的样子。不如此，我们最后就会变成为别人活着，活在他们的眼光里，感到自己有责任在他们眼里维持他们强加给你的光鲜形象。超脱也表现在不再强求自己的想法、观点、意见比别人高明。

　　放弃永远把发生在我们身上的事当成个人事务的欲望，也是解放的途径。人的好斗是没有尽头的。看看这个世界的表演吧：人们为了自我肯定，为了获得他人的认可斗来斗去；每个人都竭力不在战斗中失掉面子，都竭力占上风，打败别人，取得胜利。随时随地都有人给我们打分，我们一直在自我评定，不停地与人比较，我们自身的价值就像交易所的股票涨了跌、跌了涨。别人显然是

1　《附录和补遗》（第1卷），【德】阿图尔·叔本华著，韦启昌译，上海人民出版社，2019年3月第1版，2021年1月第4次印刷。（本书以下出自该书的引用均只标明书名、相应部分及页码，其他详细信息不再重复。——译者）

我们的竞争者，他通过打败我们以获得别人的认可，要挟让我们变得没有价值。所以，必须给他教训，堵住他的嘴，终结他的光芒，骑在他的头上。在我们的生活中，最微不足道的摩擦都是干仗的好借口：餐桌上的争论，会议，同事之间围在咖啡机旁的交流，室内游戏，比赛，搏击……

如何打破这种与别人相处的模式，如果别人对此乐此不疲呢？除了离群索居、停止与同类交往之外难道别无他法了吗？再说，若是我们首先放下，对方难道不会从中看到胜利的信号，把我们当作弱者、失败者、无能者而踢出局吗？这种忧惧本身就意味着没有看到收获的安宁才是我们真正需要的唯一力量，而这种安宁建立在摆脱他人对我们的评价的基础上。说到底，对于一个把治愈当作唯一目标的病人，他责备我们没有像他一样受到毒害，他的意见有什么重要的！

这样做当然也意味着不能害怕孤独。

拉布吕耶尔说过："我们所有的不幸都是因无法独处而起。"热衷与人交往其实是一种相当危险的、有害的倾向，因为我们与之打交道的大部分人道德卑劣、智力呆滞或者反常。不喜交际其实就是不需要这些人。一个人如果自身具备足够的内涵，以致根本没有与别人交往的需要，那确实是一大幸事，因为几乎所有的痛苦都来自与人交往，我们平静的心境会随时因与人交往而受到破坏，而平静的心境对于我们的幸福极其重要，仅次于健康。所以，没有足够长的独处时光，平静的心境是不可以维持的。

（《附录和补遗》第1卷，"人生的智慧"）

无视流言和恶意

在这种"自我中心"的生活方式中，一切都成了自我评价的借口：不管做什么成功了就会显得我们有价值，失败了就会显得我们有缺陷。结果，我们对失去的过分担忧必然会导致我们对于自己的存在的过分担忧。让我们尝试消除这种唯恐失去的发自肺腑的恐惧，这正是"放下"的要义。我们要试着不再把发生在身上的一切都当成个人事务。想象一下，有人当众让我们难堪——这是件非常伤自尊的事情。我们不停地思索下次若再遇上，该如何"教训"当事人一顿，让他看清自己的斤两，甚至大肆嘲弄他一番，重新夺回对局势的掌控权。我们像战士一样准备着未来的战斗，复仇的想法既让我们痛苦不堪，又让我们斗志昂扬。这是多么不冷静啊！这样大动干戈真的值得吗？我们的"敌人"一朝遭受到我们成套的复仇攻击后会发生些什么？他会坐以待毙吗？他难道不会变本加厉，然后我们再如法炮制。如此冤冤相报，直至我们对彼此抱有的仇恨无以复加、根深蒂固、无法挽回吗？如果我们到处树敌，我们得开辟多少条战线同时作战呢？我们整日担惊受怕、筋疲力尽，只为维持一个正面的自我评价！叔本华在这个问题上引用了狷狂的伏尔泰的话："我们在这世上时日不多，不值得在可鄙的坏蛋的脚下爬行。"

但我们看到人们毕生不息奋斗、历经千难万险所争取的几乎一切，其最终目标就是以此让别人对自己刮目相看。也就是说，不光是官位、头衔、勋章，而且还有财富，甚至人们在科学、艺术上所争取的，从根本上和首要的也是出于同样的目的，其最终目标就是获取别人对自己更大的敬意。所有这些都不过是令人遗憾地向我们显示了人类的愚蠢程度。（《附录和补遗》第1卷，"人生的智慧"）

人是多么在意别人的看法呀！叔本华奚落了欧洲人

的荣誉感，说是它让欧洲人把冒犯者暴力化。欧洲人过分看重别人对自己的冒犯，根本不管这冒犯的话是从什么样的嘴里说出来的，结果就是随便什么人都可能极大地冒犯到他，让他颜面扫地。你或许会说："人都是这样。"不全是！对比说来，古时候的希腊人就根本不在乎恶意满满的冒犯者，也不对此做任何回击。他们的尊严恰恰在于不执着于听别人说什么。尊严取决于行为，而不是别人的言语。而我们呢，却把自己的根本价值建筑在别人对此的看法而不是自己真正的行动上。这正解释了我们无时不在操心别人的原因，不管他是个什么样的人（恶毒的、见识不多……）。这也解释了为什么我们会随时准备战斗以消除对自己不利的言论。证据如下：只要侮辱的话被收回，我们就感到心满意足，就此偃旗息鼓。我们更该学学根据自己的实绩而不是别人的言语来评判自己。

　　与其千方百计压制任何不应该被听到的冒犯的话语，还是别把自身的价值看得那么重要。真实的自我评价带来平静以及对侮辱发自心底的蔑视。[1]

1　　原文出自《附录与补遗》法文版。——译者注

对人的临床观察

恢复理性，不要感情用事。观察如下：他人都是心怀恶意的，会为我们的狼狈幸灾乐祸，但没有什么逼着我们跟他们沆瀣一气，"以其人之道还治其人之身"。没有什么能强迫我们回应他们的恶意从而遂了他们的意。有一次苏格拉底被人踢了一脚，却并没有还手。他知道这种暴力行为不是针对他的。人做坏事，是因为他们在受苦又不知道原因，才任性地拿别人出气。从这个意义上说，弄明白痛苦的原因可能会减少我们的攻击性！

要做到这般洒脱或许没那么轻松。不过，经常目睹穷人们为了比别人过得好一点而疲于奔命，在一种矛盾的关系中承受注定失望的命运，一种荒诞感终将压到一起，"我不想这样，我不要再这样"这种感觉有利于自我的退场。

用疏离的眼光看自我

为了摆脱自我，让我们用观众的眼光看待自己。这要求我们不要觉得自己身上发生的一切都是专门冲我们来的，不要执着于我们的遭遇，而要抱着人生如戏、自己也是戏中人的态度观察任何事情。我们可以看到本能的迫促而与之保持距离。如果我们的身体为冲动驱使要求放松、快乐和狂欢，我们的精神无须觉得被这些要求裹挟。它们都是大自然盲目的一部分。大自然总是在索取，不断地提要求，徒劳无益而且漫无目的。

我们通常用不着这种疏离的眼光，我们太忙于自我纠正、雕刻自己的内在，好让它从外面看起来更加漂亮。然而，观察自己的灵魂，记录它的卑劣与崇高，微笑面对人间喜剧的戏码更为有意义。有谁比自己更适合在内心的舞台上见证人性奥秘的大戏呢？叔本华坚持记日记，记录自己的精神状态，包括他最不光彩的一面。我们可能会错误地利用日记来攻击日记主人可怕的一面，而其实他只是展示了自己有能力做一个摆脱自我的观察者。别人在日记里反省错误，自我监控、自我训练，只愿意与他们的内在保持建设性的关系。而叔本华则相反，他展示了某种绝对的洒脱，根本不在意别人对他在日记中的坦白怎么想。他只对纯粹的观察感兴趣，至于他暴露自我为别人提供了批评自己的证据，根本不重要！这种行为值得效仿。

超脱自我尚不具备净化功能。我们的缺点，我们的阴暗，我们的神经症，我们的算计，这一切都还在，只不过我们接受了它们的存在而不是把它们隐藏起来。但是，超脱了自我的我们实际上只会变得更好：我们的好胜心没有了，不再一定要胜过别人或者在任何情况下都只想得到好处，我们可以更快地去除潜在冲突的引子，因为冲突的结局已经引不起我们的兴趣。

这不是我

如果我们不经历这一切，超脱就能发生，我们就能在我们身上观察到。比如，我们不是我们的忌妒，我们正看着它。从精神的角度看，这造成了巨大的差别："我没有性欲，我看到我的身体正在体验这个欲望。"拉开距离就已经向解放迈出了一步。一个罪犯，完全被冲动支配，在肯定自我的欲望的推动下犯下一桩又一桩罪行后潜逃，而另一人明白有些冲动是应该压制的，已经能够主动去寻找治疗。二者之间的区别正在于此。

佛教徒建议进行一种超脱的练习，他们称之为"四念处经"(Satipatthanasutta)。这种修习方法可以做到"这不是我的，我不是这个"，具有某种治疗效果。因为它改变了我们对自我的认知。具体方法就是用无人称的"他"来代替过去的"我"或"我的"(不说"我饿了"或"我的身体饿了"，而是说"他饿了"，不说"我痛苦"而是说"骄傲在痛苦"），以此摆脱对自我的关注。我既不是这具身体，也不是这些道理；它们在这里，就像下雨下雪一样平常，但它们都不是我。这种修习方式可以让"我"在任意的当下短暂消失。于是念头升起，但是不再有人去捕捉它们。它们飘浮片刻，就平静地飘散了。不过一旦再起意要做点什么（"我应该把这种念头从脑子里赶走"），"去自我认同"的这个过程就中断了。

此外，我们的个体性没有固有本质。从细胞的层面观察一下我们自己吧：从我们出生那天起，细胞已经更新多少次了呀？我们的常性在哪里？我们只是一种物质流，吸收物质，然后物质在被替代之前互相摧毁。我们怎么能执着于此呢？

超脱把我们从对幸福的狂热追求中解放出来。吊诡的是，这样解脱以后，我们才能真正感到幸福。无论你想得到的对你是好还是坏，都是在强化对"亲爱的我"的担忧，是在按照交易的逻辑与周围世界相处。不再动心，反而能得到真正的安宁。

哲学—行动

1. 试着下定决心一个星期停止那些自我斗争。你必须从定位工作开始。首先，在一个笔记本上按照先后顺序列出白日里遇到的"对我的担心"。通常是感觉被谁恭维了抑或是被谁伤害了。这个准备工作一旦完成，你就进入下一个阶段，试着停战一个星期，关注别人的行为而不是说法，把注意力放在行动上，不要试图向别人展示什么。周末的时候，做个总结：你在"自我评价"，真有什么损失吗？你难道不觉得比平时更放松吗？

2. 一天之内，试着预测会发生什么（比如，"那个谁肯定会套路我，我也许可以这样反应"），然后把你的预期和现实做比较，分析是什么妨碍了预期的实现。

3. 用科学家临床般冷静的眼光看待一切事物。就算发生的事直接影响你，你也要把自己看成解剖台上的一条虫子，冷静地观察。把自己置于自我观察者的位置能够帮助我们不那么重视身上发生的事，让我们不那么执着于我们的遭遇。这样可以摆脱一点"亲爱的我"。

4. 用棋手复盘时的眼光审视自己的处境。他刚下完这盘棋却好像不是他下的。

这得以让我们排除pathos[1]及其对我们感情的影响。复盘时若你想自己本应该这样而不是那样子，那你就输了，因为罪错感会排山倒海般袭来。只有对各种招数冷眼旁观，探讨它们的妙处或者无效，你才算置身事外，不为胜利欣喜也不为失利悲哀。罪错感，即我本可以做得更好的感觉，把我们和自身过度连接在一起。

5. 坚持记日记，像叔本华所做的那样。在日记中，你可以记下灵魂中所有的阴暗，然后静静地加以观察。目的不在于自我鞭策，而是成为人心的诚实观察者。执着于自我会让人扭曲事实，为了挽救一点点自尊而对事实乱加解释。

1　Pathos，希腊语词汇，指"痛苦的激情"。在精神分析学派看来，精确的表达应该是"痛并快乐着"，这个症状实质是一种自我防卫机制，与表示病理学（pathologie）的词同源。——译者注

反过来，白纸黑字如实写下心底的动机可以让人摆脱自我。

6. 践行"去自我认同"。不用"我"而用"他"代替。不管是想还是在日记中写，"我认为……"要变成"刚刚出现了一个想法，即……"，"我感到愤怒……"要变成"有一股愤怒的情绪，因为……""我很担心"变成"某种担心试图扰乱我的心神：它来自哪里？"，等等。这样的"去自我认同"应该能够让你变得超脱并因此倍感轻松。

为普通之爱放弃自我

之前我们就超脱观众视角所探讨的一切，可能会让人以为我们的最终目的是对一切人和事都满不在乎。然而，没有什么比这更偏离叔本华的哲学啦。关键不在于永远获得一只冰冷的、临床的眼。后者仅仅是从生命意志中获得解放的一个阶段，它使得不再寻求自我肯定成为可能。

自我肯定导致自私自利、羡慕、嫉妒，而超脱孕育仁爱、慷慨、利他主义。如果"他"即是"我"，而

"我"即是"我们"，我就会更在意别人的痛苦。博爱，是冥想的果实，让我得以理解他人是另一个我，他的痛苦就是我的痛苦，我们是同一痛苦的血肉之躯，拥有同一盲目的意志和同一个生命。无我，是向所有人的敞开，是用目光和心灵拥抱全人类的方式。

作为回报，这些美德的"实践"有利于我们自我解放，让我们从美德开始。渴望培植美德是我们开始自我解放的标记，也是在解脱之路上继续前行的法门。

培养同情心

同情就是反感看到别人受苦。同情是道德的基础，因为它阻止了我们向别人施加痛苦，或者它至少促使我们关心别人的命运，去帮助他人。同情使我们能在自己身上，在我们的身体、神经、心灵上，感受别人经历的痛苦。这种共情现象完全超出理性。它表明我们可以认同他者，他者不再是"非我"。在同情中，"你"成了另一个"我"。

它是我们每天都可见到的——同情的现象；换句话说，不以一切隐秘不明的考虑为转移，直接分担另一个人的患难痛苦，遂为努力阻止或排除这些痛苦而给予同情支援；这是一切满足和一切幸福与快乐所依赖的最后手段。（《道德的基础》，"对唯一真正道德动机的陈述与证明"）

所以，同情与我们自鸣得意的自私自利相对，让我们得以摆脱自私自利。因此，有必要培养同情心。但是叔本华的分析更为深刻。在他看来，感受到同情并非深陷他人的问题之中，与自己的问题混为一谈。同情是对生命即苦的承认。它会激起反抗痛苦（他人的痛苦，然后是所有人的痛苦）的行动，以及终止痛苦的决心。所以，它愤怒地呼喊："够了！到此为止吧！让我们结束这一切！"只有相信可以没有痛苦地活着的人，并由此认为那些痛苦的人要为自己身上发生的事负有部分责任的人，才不会对同时代人怀有同情。"难受就去治呀！去找个治疗师呗！改变你的生活！做点什么有用的吧，别再无病呻吟了！"这样的人很不耐烦，他在对同情的呼吁中看到的是对自己的个人时间无法忍受的勒索。

反之，理解了自己的痛苦的人，会承认别人同样的痛苦，从人类的视角认识到处处都有同样的痛苦让人哀告。此外，他还明白出路不在意志和个人的努力之中。因为这一点，他才能不带轻蔑地表示同情，不发表唯意志论的言语。同情使仁爱具有可能性，能沉思生命的果实。

因此，好心善意、仁爱和慷慨【等等】替别人做的事永远也只是减轻那些人的痛苦而已，从而可知能够推动这些好心善意去行善布施的，永远只是对于别人的痛苦的认识。而这种痛苦是从自己的痛苦中直接体会到的，和自己的痛苦等同看待的。由此就得出一个结论：纯粹的爱（希腊语的"博爱"，拉丁语的"仁慈"），按其性质说就是【同病相怜的】同情。（《作为意志和表象的世界》，"生命意志的肯定和否定"）

只有明白了生命即苦的人，才不再把痛苦的人有罪化，不再寻求对其施加明知无效的影响。他会说："你的怨诉是神圣的，你的祷告是清醒的歌声，你的呻吟是自身解放的第一步。"反之，对他人怨诉的拒绝是可疑的，故意漠视他人的痛苦是轻率的，而拒绝他人的痛苦是残忍的。关键不在于你是否担负起别人痛苦的重负，谁能呢？而是要看到这种痛苦，在生命意志施加的痛苦之内复原它。只有用目光在内心肯定这出痛苦的大戏，我们才能对意志坚定地说"不！"。

选择公正之路

践行公正和仁爱是我们不再深陷歧途的标志。我们过去错在哪儿了呢？我们相信自己一手塑造了个体生命。一朝摆脱了这个性化原则导致的错谬，"我"就变成了"我们"。任由他人遭受痛苦打击，我们自己也会痛苦，尽管这可能显得非常奇怪。因为他人不是一个"非我"，而我就是他。

由于这样的自私和自我，我们就犯下了这最根本的错误：我们互相成为对方的"非我"（Non-Moi）。与此相反，显示出公正、高尚、与人为善，恰恰是我的形而上学转化成的行为。【……】即"你将来会再生为你现在所伤害的人，将要承受同样的伤害"，这与经常提到的婆罗门教的说法是同一的："这就是你。"（Tat twam asi）（《作为意欲和表象的世界》第2卷，"论伦理学"）

此外，践行这些美德有利于放弃自我，然后否定生命意志。因为真正的政治，不可违背公正，这一所有美德中重要的根本美德能承担起来极其沉重的责任。完全而真诚地践行这一美德需要牺牲精神，很快就会剥夺我们快乐地生活所必需的温情，让我们变得清心寡欲。因此，公正所要求的牺牲如此巨大，也因此变得令人敬仰。

它【诚实、正直】的本质就在于正直者并不会把生活所带来的重负和不幸，以狡猾或者武力的手段转嫁到别人身上，就像那些不义之人所做的；而是自己扛起自己的份额。这样，他就一分不少地扛起加给人生的全部祸害的担子。（《作为意欲和表象的世界》第2卷，"否定生存意欲的理论"）

由于公正者完全主动地扛起自己的重负，因此，他对于生活预留给人的痛苦才认识得越发深入——他不会通过指控他人或转嫁给他人来逃避自己的责任。公正者清楚没有任何脱身之计，践行公正注定贫困和痛苦，不可避免地让人逐步弃绝生命意志，最终达到清心寡欲的状态。

我们说的公正，不是指苦痛和快乐的平均主义分配。公正者会遭遇他所揭露和质疑的系统的迫害和暴力。他就这样将自己置于危险之中，背负着更沉重的祸害，把全人类承受的痛苦集中到自己身上：死亡、贫困、威胁、身败名裂、追捕、流亡……

最后，公正者为了捍卫自己的事业会欣然接受死亡。他已经超越了对死亡的恐惧，因为生活对他已不再温柔，即便它从前曾经这样。再没有让人害怕失去的了，因为人们执着之物即为痛苦之源；终点也没有什么可怕的，因为终点实为解脱。甚至也不用着急到终点，因为开悟的时候终点已经降临。因为对生活再没有任何期许，他终于摆脱了生命意志。

悲观主义者经常被认为对他人的命运无动于衷，因为他不相信人类的道德进步。这里恰恰相反，叔本华的悲观主义意味着知晓自己是他人中的一员并与他们的命运休戚相关。

践行仁爱

同情不仅让我们勿施痛苦于人，而且帮助人，它所激发的自然的、无私的行为就是仁爱。仁爱比公正还要更快地通往清心寡欲。首先，践行这一美德者已经在任一其他造物中认出了自己的存在。在他看来，"你"和"我"没什么不同。然后，他已经把自我的命运与全人类的命运认同起来，即使这一命运遍布艰难险阻，蓄满了悲伤、不公平的痛苦和死亡。我们的错误在于相信我们也许能够避开某些痛苦，这些痛苦只会落在别人身上。这样，我们在自己减少的痛苦份额中看到了一种享乐的动机：既然我们是幸福的，那我们不是比别人的运气更好一点吗？而仁爱则是对这种可鄙算计的清醒的放弃，因为践行仁爱者拒绝受命运的垂青，为他人付出而且除了大家每个人的共同命运不会追求任何别的命运。

谁要是放弃了他幸运得到的好处，想要的只是人的普遍命运，那用不了多长时间，甚至连这普遍的命运也不想要了。（《作为意欲和表象的世界》第2卷，"否定生存意欲的理论"）

仁爱促使人放弃自我，放弃那种比别人更幸运的感情或欲望。它为了博爱倾尽全力。在此意义上，它也是一条通往解脱之路。

通过践行公正和仁爱，我们不再对痛苦抱持怨怼的态度：我们所求的不是自己拥有更甜蜜的生活，因为明白生活不会如此。我们也不再抱持逃避的态度：我们不会假装自己看不见人生多艰这一事实，知道人生中的奋斗是多么严酷、令人疲惫、无休无止。我们终于承认本该如此而且对于生命本身也没有别的期待。于是，我们不再害怕受苦，照单全收各种"戒律"和"苦修"。我们获得了一种崭新的力量和平静。

公正本身即为苦衣，为穿着它的人预备了没有尽头的苦行，而放弃了必需之物的仁爱，这则意味着时时刻刻处于极端匮乏之中。[1]

所以，叔本华实际上了描绘了两条拯救之路，两种摆脱自我和意志的途径：

一是静观自在（例如，通过艺术或自然）。

二是同情的道路：在电光火石之间，我们对自己说"太过分了"，然后瞬间迸发出对生命意志的否定，即为救赎。

---

1 根据原著，本段引文与上一引文为上下文关系，但在《作为意欲和表象的世界》（第2卷）中不可见，故由译者根据法文原文直接译出。——译者注

哲学—行动

1. 培养同情心。为此，你必须首先承认并理解他人的命运。最经常发生的情况是，我们往往会弱化他们的痛苦。我们或许以为，通过让他们看到折磨他们的痛苦微不足道是对他们有好处的。但是仔细想来，他们并不一定喜欢令他们如此痛苦的事情在我们眼里无足轻重。所以，我们要试着给予他人的痛苦以恰当的位置。其次，我们往往扮演着顾问、鼓励者的角色，通过建议鼓励他们不要痛苦，好像这样他们最后就会高兴起来似的。与其如此，不如承认他人的痛苦是不可消除的，要明白他是真的痛苦不堪而不是安慰他没有什么。

如果某个亲近的人向你倾诉痛苦，你可以试着避开这两个暗礁——弱化和鼓励，把自己放在他的位置，认同他，直至对他的痛苦感同身受。

2. 假如你觉得自己很有安全感或者运气很好，要敢于把你获得的眷顾投入公正的战斗。敢于在战斗中失去而不是让这些"增值"，更不是害怕比他人拥有的更少。这是真正的自由人的行为：不再害怕失去，因为他知道自己所执着之物的虚妄。公正的培养是很好的解脱实践。

3. 人们经常把仁爱与施舍混为一谈。不过，还有很多别的慈善活动可以做，还有另一种仁爱可选择。在四十八小时之内，试着不再把他人看成异类，认为他傲慢无礼，有你说的各种缺点并予以痛斥。尝试在看到他人处于困境时暗中为他提供帮助（比如，说他刚刚说了蠢话）。试着不要期待什么回报而且别让他觉得欠了你一个人情。想要做到不求回报，重要的是锻炼共情能力，学会认同他人。

第四章

一种存在意义观

否　　　定　　　生　　　命　　　意　　　志

不朽者……

在叔本华看来，我们不会死（我们将在这一章看到我们之所以长生不老的证据）。不过，这是个假消息！因为我们本来就注定要生生世世地永远活下去，生生世世都一样的荒诞和痛苦。想用自杀作为脱身之计纯属徒劳，因为自杀的人必定在下一次生命中轮回，他的行为于事无补。

叔本华的死亡哲学似乎遵循着双重逻辑，表面上矛盾重重：它让我们不要为自身的死亡而焦虑，却并非出于惯常的目的，即让生命对我们来说更轻松，这可能吗？而是让生命对我们更没有吸引力。因为他的思考让人觉得，对死亡的恐惧促使我们执着于生命这块破旧的跳板，于是摆脱死亡恐惧成了摆脱我们发自肺腑的生之执着的一种方式。因为叔本华认为，为了能坚持活下去，我们的想象力把死亡变成了一件比实际更残酷的灾祸，以便我们在最终结局面前不断后退。

身体面对死亡的呐喊

为什么我们怕死？我们对这个问题似乎没有明确的答案。是死亡的瞬间本身让我们焦虑，还是死后的遭遇？

是不再活着的想法，还是世界没有我们仍将继续的事实？哲学和宗教在十几个世纪中提供了众多理由说服人们无须害怕。但是，这没什么用，恐惧依然深入骨髓。其原因明摆着：不是宗教家和哲学家诉之于的精神害怕死亡，而是身体本身想到自己终将灰飞烟灭才发出了"原始的呐喊"。思想家们数百年来最大的错误就是宣称"别害怕，只有你的身体会消失，而灵魂永存……"，这个错误一直延续下去，而恐惧有增无减。

我们已经知道，身体是生命意志的体现。本质上，它就想活着，狂热地眷恋着生，无法承受终将油尽灯枯的想法。至于灵魂，它对自己的消失则毫无异议。因为在身体只顾意欲之处，灵魂努力去认识。如果说意志造成了对活着这一事实的执着，那么认识则是跟它对着干的。它揭露了生命的无价值，以此对抗对死亡的恐惧。我们赞美灵魂对身体的胜利，它让后者接受自己的命运，好像驾驭一匹停止不前的马。反过来，我们蔑视认识在这场斗争中屈服的个体，因为他公然贪生，竭尽全力避免死亡的来临而在接受死亡的时候绝望不已。西塞罗曾说：

在角斗士格斗中，对那些向我们乞求和恳请活命的懦夫，我们往往是厌恶的态度；但对于那些勇敢、无畏、带着激情自愿迎向死亡的勇者，我们却想保留其生命[1]。(《作为意欲和表象的世界》，"论死亡及其与我们的自在本质不灭性的关系")

认识使弃绝成为可能，接下来我们就来了解一下。

死亡，一个巨大的"玩笑"……

首先，我们必须进行最客观的观察：自然界中死亡无时无刻都在发生，似乎最微小的意外都足以使我们遭受死亡的眷顾，最复杂的肌体可能会被无比基础的病毒夺去生命。这或许意味着对自然而言，死亡无足轻重。

如果这一众生之母漫不经心地把她的孩子抛向各种各样威胁这些孩子生命的危险之中而不多加以保护，那她这样做只能是因为她知道孩子们跌落下来的时候，会落入自己安全的怀里，所以，这些跌落只是母亲开的玩笑而已。(《作为意欲和表象的世界》第2卷，"论死亡及其与我们的自在本质不灭性的关系")

1　西塞罗，《为米洛辩护》，第34章。

自然杀死她的造物数以万计，而不顾她成功生产出的肌体有多么复杂。如果不是因为生命并非历史的关键，不是因为只有生产的行为本身有意义而生命本身没有，那么如此巨大的浪费又有什么意义？这只能表明生命没有自在价值。这一经验事实确认了个体生命存在的荒诞性，这正是我们每个人应该从对自然的观察中得出的教训。

如果不是个体，那么什么才是重要的？碾碎不计其数的生物似乎并不影响生命的源泉，让它们消失可以是最微不足道的借口：一只脚在路上踩死一只虫子，玩耍的孩子摘了一束花……死亡镰刀不停地收割（植物和虫子死于夏末，动物和人多几年苟活），然而，植物、动物、昆虫和人一直持续存在，总是"从头再来"。面对这一现象，诞生了世界不灭的直观，仿佛表面的运动、时间的流逝、个体的所有这些生生死死，都无法给这些生物的本质带来损害。所有这些表面呈现的根基、根源，一直都是整一的，始终如一地富有生产力却任其产品自生自灭。

只有我们的个体性会死

在叔本华看来，个体消亡而种属不灭，个体的消失与其产生一样分毫无损于种属的本质。我们自己也更重视种属，只要看看我们给予后代的细心照顾或者性本能的强度就一目了然了。动物本能可以让某些个体为种群的延续牺牲自己。所以，个体对自然来说并非一种价值。

我们死后什么将会幸存？答案是我们的本质，我们所代表的理念。个体性只是一种幻觉。相信自己是独立的存在，就是做了幻觉的受害者，致幻的正是此前提及的个体性原则。自然在丰饶中创造了形形色色的原始生命，有着最卑微的特性——个体。我们在一生中应该尽可能地体现这些特性，为种属的丰富性做出贡献。这些特性将被收回，或者轮到它们生产出另外的特性。我们个人只不过是移交过程的暂时载体，我们身上的某种东西通过遗传或传承在我们死后仍继续存在。

除了作为跳板，个体并不凭靠自身而存在。他是像他一样被创造出来的现象之一，而且是逐渐消散的。为自身的消失而痛苦，就是为一种幻觉受苦，就是把他的存在降低到死物的层次。然而，我们的存在要比这个宽广得多，它扎根于一个永恒的原则。个体作为智性而死，即作为依附于一个身体的意识——这个"我"而死。因此，这个思考、推理、自我辩护、努力认识自我的"我"注定要消失，剩下的是智性的反面——意志。意志是不灭的。我们的生命意志，如同生命力，将在我们死后产生另一种形式，它将带着新的智性自我引领，自我理解。我们能说这拥有另一意识的生命意志还是"我"吗？从某种意义上说，是的，因为这是同一种生命意志。生命意志是生命的原则，是一粒"种子"，可以随时间的流转多次生出同样的"果实"。每个果实都表达着整个种子。如果你是这个"果实"，你不也是种子吗？在叔本华看来，个体性既是果实也是种子，就如同生命原则是永恒的，却作为个体意识而消失。所以，你是你目前体现的个体，就和在无限的实践中你的本质可能产生的所有个体一样，故而，你就是你的本质，是永恒的！

可是，"那不再是我的意识啦！"你抗议道，"所以根本不再是我……"对极了，让我们痛苦的正是我们对这一智性的执着，对自我意识的执着。更别说我们还没有清楚认识到，意识作为我们本质存在，作为生命力，对我们而言仍然是陌生的。而在叔本华看来，我的意识仍依附于智性，并不构成我们的完整身份。它的功能仅是满足肌体的需要，觅食和发展捕猎的技巧。它是为了生存，在某种具体环境下对使用的手段的意识：死了无足挂齿！我们没有理由执着于这一意识，再生时也用不着它，因为环境将会不同，生存所需的行为动机和手段也一样。为丧失这一大脑意识，悲叹的人与信教的格陵兰人可有一比，他们得知天堂里没有海豹可捕食后，竟然不想去了。

而如果他【每个人】还能意识到除这些以外的有关他的东西，那他就会心甘情愿地放开自己的个体性，就会觉得自己这样不依不饶地紧抓这一个体性不放是可笑的，就会说："失去这样的个体性对我来说又有什么损失呢，我不是有无数个体性的可能吗？"（《作为意欲和表象的世界》第2卷，"论死亡及其与我们的自在本质不灭性的关系"）

死亡是一次睡眠

叔本华捍卫再生轮回（*palingénésie*）的观点，反对其与灵魂转生说（*métempsycose*）相混淆。灵魂转生说是指我们称之为灵魂的东西转移到另一具躯体。而再生轮回则是个体解体后重新形成一种新的生命形态；只有它的生存意志不变，该生命获得新的智性。

我们可以视死亡与昏睡无异。醒来时，我们的意志将体现为一种新的个体形式。它在被睡眠一再打断的永恒中永远存在。死亡什么都不是，仅仅是感觉的缺席，跟睡着时一样。对叔本华来说，死亡只不过是个体性的一种转换！

据此，死亡就是失去某一个体性和接受另一个个体性；所以，死亡是在自己意欲的专门指引下的个体性转换。(《作为意欲和表象的世界》第2卷，"论死亡及其与我们的自在本质不灭性的关系")

死后的生命不应该比出生前的生命更让我们害怕吗？我们看起来对我们出生前的非存在没有留下任何恐惧的记忆，那么死后的非存在有什么理由让人恐惧呢？它应该更让人害怕呀……

叔本华给我们举了下面这个例子：一只苍蝇，嗡嗡地响了一天，晚上睡着了，第二天继续嗡嗡。假设它晚上死了，产下的卵长成了一只新苍蝇，第二天还是嗡嗡。那么，从世界的角度看没什么区别。只有按我们的认识划分事物、现象的方式去看，这两只苍蝇才会不一样。从赋予它们生物的生命力角度去审视，这两只苍蝇源于并体现同一种真实。只有生命力是重要的。不同个体中的"一"和"唯一"，不会消失，不会死去，只会一直重生。

你感受到"多重自我"了吗?

这个理由能安慰我们吗? 也许不能, 因为我们消失, 让位于我们之外的人这一事实, 并不妨碍我们自己的消失成为我们痛苦的目标, 不妨碍我们个体存在的中断成为我们首要关心的大事。问题就在这里: 我们对自己的个体性的执着!

然而, 仔细想想, 检视一番机缘巧合造就的此时此地的我们, 我们可以认识到这种执着有着某种非本质的、滑稽的地方。比如, 我们觉得自己在十八世纪可以活得一样好, 或者到了二十五世纪我们一样适应。如此一来, 我们的存在就不会浓缩成标记着生命开始和结尾的两个日期, 也不再取决于我们父母的偶然相遇。简而言之, 我们感觉到我们完全能出生在另外的环境、另外的时代、另外的地方, 但仍然是我们自己。我们的身份不是取决于造就它的偶然条件。此外, 我们直觉到自己身上有其他潜能, 完全可能导致我们拥有其他个性, 与现有的环境造就的个性不同。

或许每一个人在最内在的深处不时会感觉到这样的意

识：某种完全别样的存在会更适合他，而不是现在这一说不出的、卑鄙的、一时的、个体的和陷于苦难和困顿的存在。这时他就会想：死亡或许会带他回到那完全别样的存在中去。(《附录和补遗》第2卷，"我们的真正本质并不会因死亡而消灭")

我们可能会有这种意识，即我们不止是一个个体，或者至少我们的人生不止现在这一种样子。我们的存在是所有后来人的种子，他们现在就已经以可能性的形式存在了。死去的不会永远死去，而新生的尚未从根本上获得崭新的生命，只有我们由来的种子 (或本质) 是永恒的。

在我诞生之前，已走过无尽的时间；我在这段时间里是什么呢？在形而上的层面，或许可以这样回答："我始终就是我，亦即所有在这时间里说出'我'的东西，就是我。"(《作为意欲和表象的世界》第2卷，"论死亡及其与我们的自在本质不灭性的关系")

这一形而上的解释，让人明白为何我们会同时感觉终不免一死又永垂不朽。所以，只有认为人生有一个开端和一个通向非存在结局的人才会为死亡痛苦。我们应该想象我们的存在与一个源泉相连，而不是绷在生与死的两端。

这个源泉就是我们种属的本质，即生命意志。我们不是自主的实体，而是一种真理的显现，它是不灭的；我们都出自一个超验的原则，它是永恒的。

心中的孩子

当然，为了彻底说服我们相信这点需要我们能够回忆起前生。可惜极少有人能够做到（佛陀是可以的）。不过，我们内心相信就是这个样子的。

在叔本华看来，我们身上某种东西具有常性，不受岁月的摧残，它的具体标志就是我们童年记忆的鲜活。谁敢说我已经都是成人了，儿时的我与现在的我完全无干？诚然，情况已经变了；我们为人处世已经变得更理性、更清醒、更谨慎，或者更明智，无复年少时的天真。但实际上，我们的所谓成人行为中不还是保留了一些孩子气的东西吗？有时毫无保留的信任，装傻逗所有人笑的想法，对安慰的极度需要，探索未知、奇幻世界的欲望，等等！这种很难说得清的"孩子气东西"乃我们个体性的本核，是个体性在我们的生命中再生、改变、重建、更新的出发点。作家们深知这点，他们总是从童年经历中发掘印象和情感的素材，来建构自己多样化的创作和众多人物形象。

这种自我更新的力量已经在我们心底，并且永远不灭，免于时间的荼毒。当我们的个体性，即我们所谓的"享年"落入遗忘的灵薄狱时，它将继续自己的工作，只为丢掉"前世"的意识，在永恒的轮回之中乘愿再来。

童年回忆的鲜活不是我们记忆的优点，它对有些人来说也是无效的，却是相同的力在我们身上激荡的标志，不管你是孩童还是成人（这正是生命意志与时间无关的常性的标记）。我们再一次看到线性时间的无意义，因为按照线性时间观，童年回忆本应一去不复返。

所以，我们得到了如下的思考：我们身上害怕死亡的（即身体）其实没什么好怕的，因为它体现的生命意志是永恒的！而我们身上对死亡无感的部分，则因其对生命的真正性质（即精神持有清醒的态度），才是必死的。

我们的个体性会死？最好不过！

个体永生不死真的令人期待吗？从道德上讲，我们有发现一个个体有资格长生不老吗？肯定没有。看到有些人竟然会永远活着简直是个噩梦……鉴于性格的不变性，拥有永恒生命的个体绝不会停止以相同的方式行动。他可能只是一部不断重复自己的机器，让自己和别人都无法忍受。整日庸人自扰，打着自私的算盘，而且没完没了。眼见他的罪恶、恶毒、可憎，于情于理我们不可能乐意地看着他永远活下去。某种程度上，应该"给年轻人让路！"，他们更有活力、更有创造力。尤其是更有雄心。比起喋喋不休、不再自我更新的老年个体，我们不应该更青睐新的有生力量吗？

经过这一番思考以后【……】。然后提出这一问题：所有这些人将从何而来？现在他们又在哪里？那丰富无比、孕育出多个世界，但现在却把这些以及将来的人类遮藏得严严实实的"无"在哪里？对此问题真实和微笑的回答难道不就是这"无"还会在哪里呢——除了在那现实过去和将来始终唯一存在之处，除了在现在及其所包含的内容，因而除了就在你的身上？你这位执迷者，无法认清自己的本质，就像在秋天凋谢并摇摇欲坠的树叶一样：树叶为自己的逝去而悲叹，丝毫没有因为想到来春在树上又长满了新鲜绿叶而感到有所安慰，而是大声地诉苦："那些绿叶与我怎么会是一样的呢！那些完全是别样的树叶！"啊，愚蠢的叶子！你将要到哪里去？别的树叶又从哪里来？你是那样害怕坠入无底深渊，那"无"在哪里？认出你的本质，认出那充满对存在的渴望的东西，然后在树木的内在、神秘、蓬勃活力里面，重又认出存在于一批又一批的树叶里面、不为生灭所动这始终是同样的东西。(《作为意欲和表象的世界》第2卷，"论死亡及其与我们的自在本质不灭性的关系")

人如树叶。不要再执迷于我们的个体生命了。

自杀无济于事

我们刚刚看到，死亡并非生命及其痛苦的解脱之道，而是同一意志的新显现再次出现之前的小睡。试图通过杀死自己来逃避生命，十分荒谬。死亡并非期待中的灰飞烟灭，更多只是状态的改变，如同液体变成固体，依然有可能重回最初的状态，即重生。一旦我们明白这一点，自杀的虚妄就显露无遗了。死亡依然附属于生命意志。因此，叔本华可能说过的所有反对生命的话，他的悲观主义，都不是鼓励人去自杀的。自杀而死或活着，虽然看似矛盾，在他看来实为同一种东西，死亡只是再活一次的过渡期。

另外，自杀者说自己对生活已经失望了。或许他认为自己配得上更好的，甚或更差的，如果他早知道，他本可以做得更好……他想活着，但不想体会生活的痛苦。他或许还相信在另外的环境中他有可能活得更好。他不明白生命的真正本质，反而在死亡中寻找他更乐意活着时找到的安宁。他还通过自己的行为印证了对生命的错爱，他一直是生命意志的囚徒，没有通过认识得到真正的救赎。反之，叔本华努力让我们理解生命和生命意志的本性，我们能够从中期待些什么，我们尤其不能寄望于什么，以及我们如何才能真正摆脱它：先是超脱，既而否定。

对生命意志的否定，我们将在下一章讨论，是比冲动的自杀更为明智的决定。

关键问题

1. 为什么你不想死？你可以给你的灵魂什么理由让它不厌恶消失？你是否认识到正是你的身体不想终结？

2. 叔本华认为我们实际感觉得到我们是永恒的。正是由于这个原因，我们才在日常生活中如此容易地忘了死的概念（它是抽象的）且我们忙忙碌碌好似我们可以永远活下去一样。你是在对死亡的"遗忘"中认识自己像一个死刑犯一样时时刻刻都想着它吗？与其把这种永恒的感觉当作幻觉，把死亡当成事实，不如反过来，想象死亡是幻觉，而生命是自我的永恒再现。这样看待万物不是和你的直觉产生共鸣吗？

3. 你是否内在感受到一种力量，如果条件不一样，它的表现也会不同。比如说你的斗志，是不是也可能在其他形式的斗争中表现出来？对圆满的渴求换一种情况也能够实现，追求另外的绝对（宗教、政治、艺术）？你难道没有感觉到其他的个体性也能够基于你身上充盈的相同力量诞生，而你的个体性并没有把它们完全发挥出来吗？

哲学—行动

1. 知道自己虚弱、愚蠢、有缺陷，你难道不觉得有必要释放被自己禁锢的潜能吗？被释放的潜能不是能够更好地——换句话说，即更强烈地、更完全地——完成过去你无力实现的东西吗？你是否明白你的智性，这限制了你的力量的原因，并不值得永生，它的解体是必要的吗？你是否明白这个"我"，如其所是，可能自大地认为继续存在，而这样的自大是个错谬呢？若明白这点，你就领会了叔本华的直观，这个封存在每个个体内心的矛盾：想要永续的同时清楚自己不配这样。

2. 现在想象你没有能够实现的东西可以在其他更有利的环境中得以实现。机会出现的条件就是世界的解体和重组，提供一种崭新的格局。同样，这意味着你要改变你的个体性。这种可能性在你看来不是令人期待的吗？于是，你明白了死亡的必要性：死亡仅仅是世界形式和个体的解体，是为了个体将来在新的一天、新的环境和新的机遇中重新形成。

超越生死：涅槃或选择虚无

人都想不再受苦，却不明白痛苦乃是自性所为。如果顺从天性，遵循本能，自发行事，听从身体决定，一个人必定会深陷痛苦的泥潭无法自拔。这就是本书前面部分的教诲。

痛苦的内在经验促使我们毅然决然地奋起反抗自然，以解脱自己，对生命说"不"。然而，对生命意志的否定对我们的世界来说太过疯狂。我们必须通过宗教、借助神话和故事来暗度陈仓，以形象的形式让我们理解。作为哲学家的叔本华希望通过形而上学的思辨让我们领会否定生命意志的必要性。他毫不犹豫地引用了一些源自各种宗教的例子。如原始形式或者纯化的基督教（近乎神秘主义神学），伊斯兰教的神秘主义分支苏菲派，尤其还有佛教和婆罗门教。

我们再统一一下，他在论述中援引的宗教不是作为信仰存在的。叔本华从未自称是其中任何一种宗教的信徒，更不是新入教者。他的形而上学源自他的个人经验和对生命的看法，只是与古人的教诲不谋而合，这突出了其直观的普遍化特征。

注定要永生？

现存的将永远存在，这就是我们讨论了有关死亡作为重生前潜伏期问题后得出的结论。时间，它不过是永恒的简单图像。我们认识到我们的存在和万物的存在是无常、有限的，注定是要毁灭的，这要归功于时间。只需明白时间是我们认识的一种形式，然后在永恒中把它恢复以便摆脱它就够了。

叔本华拒绝把时间看作进步的过程，否认时间是一个个进步阶段的累加。他更中意一种时间循环论，这种观点产生永恒轮回的观念。其实，现实条件却是永不停止的摧毁，一如春夏秋冬的四季更替。

这种观念是否让人安心？我们忍不住要重温达观的伏尔泰的话，他情不自禁地说道："我们爱这生活，但虚无和非存在也有其好处。"[1]又说："我不知道永生是何种模样，但我们此生却与一场恶作剧无异。"[2]

但是，我们面临抉择——是死而复返，还是死而涅槃。你一定会诧异，叔本华一向以沙龙常客示人，玩世不恭、好讽刺挖苦人，竟然是个宗教迷；他认真读过那个时代所有关于佛教（当时了解的人很少）、苏菲派和基督教的著作。

这就涉及了死亡的问题，（在这些著作里）死亡不是生命的大敌，人们拼尽一生战斗到最后一刻对抗的东西是自然通过每个个体的死亡给生命意志提出的难题。

"你已经足够满足了吗？你想要逃出我的手心吗？"这问题问得足够频繁的原因，就是个体生命太过短暂了。

（《作为意欲和表象的世界》第2卷，"否定生存意欲的理论"）

1　《作为意欲和表象的世界》（第2卷）。
2　《作为意欲和表象的世界》（第2卷）。

谁不再重视个人的存在，不再对死亡在乎，谁就摆脱了生命意志。

作为我们存在的目标，事实上，除了认识到如果我们不曾存在更好，就再无法说出其他的了。但认识到这一点，就是认识了所有真理中的最重要者，因此必须表达出来。（《作为意欲和表象的世界》第2卷，"否定生存意欲的理论"）

寂灭与涅槃

在明白个体永无休止的再生以后，我们决绝地对自己说："停！我不想再回来了，不管以什么样的形式。"这些话应该是某种内在体验的反应——"否定生命意志"。于是，这一弃绝有可能会给我们带来涅槃。涅槃的意思不是人们误以为的极乐，而是生命意志的寂灭。这是重要的解放行动，是最高的智慧！因为我们本可以欣慰于自己的不朽，从而让这种不惜以任何可能形式也要轮回的生之渴望延续下去，我们只能这样。意识到自身的不朽只是迈出了超脱生命、超脱自我这一形式的第一步，尚不能保证臻于智慧。

【但】自愿、愉快地迎接死亡则只是死心断念、放弃和否定生存意欲之人的特权。这是因为只有这样的人才会愿意真正而并非只是表面现象地死亡。(《作为意欲和表象的世界》第2卷,"论死亡及其与我们的自在本质不灭性的关系")

否定、放弃生命意志让我们获得了某种东西,某种不一样的东西。这是藏在我们生命背后的东西。这种东西用我们的概念极其难以触及,除非以否定性陈述来传达,那就是"虚无"。这是一种与"存在"截然相反的形式,而且也不是我们认知的形式,是一种"非存在",因为只有否定性的定义才是可能的[1]。这是伟大的未知,无以言表,印度教教徒以非常隐晦的方式称之为"梵[2]我如一"。

在我看来,这世界并不是充满一切存在的所有可能性,而是还有许多空间留给我们只能描述为否定生存意欲的东西。(《作为意欲和表象的世界》第2卷,"结语")

1　其实,根据大乘佛教教义,涅槃的状态既非有,亦非无,非非有,非非无,此乃不二,即空。——译者

2　梵,指Brahma,梵天。印度教创造之神,与毗湿奴、湿婆并称为三大主神,坐骑为孔雀或天鹅,配偶是智能女神辩才天女,故梵天也常被认为是智能之神。南传佛教中的四面佛,即为梵天。

哲学—行动

1. 进行如下练习：想象你产生了一种不可能的、迫切的、强迫性的、矛盾的意愿（比如，想要帮助别人变得幸福，尽管他们不情愿和所有异性睡觉……）。你必须面对的困难、反复的失败和无尽的要求终将让你发出厌倦的呐喊："停，我不想再要了。"如果你成功地进入了角色，你就已经从思想上摸到了何为决定彻底否定生命意志的门槛……

2. 生命意志使我们大多数时间处于紧张状态。不过，试着重新进入你曾经历过的某种极度痛苦的状态。利用当时的感觉在某个时刻说服自己生命只是一条汇集奔流不息的痛苦、失望和无谓争斗的激流。那时，你难道不会产生一种冲动、一种对深刻的安宁的向往？你难道不会开始停下来，恍然大悟这些波浪不能再有损于你分毫？然后你难道不会对失败、侮辱、未来，即你的命运漠然置之，并最终明白所发生的一切也不足挂齿，变化无常？如果你能想象所有这些，你就会体验到涅槃可能的样子。

3. 佛教大德曰："你将抵达涅槃，在那里，你不再会看见这四种东西：生，老，病，死。"无论是流逝的时间还是生命的脆弱，都不应再触动你：诸行无常，万事皆空。在冥想中尝试摆脱你的个体性，想象自己只是漫画书里的虚构人物，接触你的一切都是假的：都是发明出来的、虚构的，都是颠倒梦想。与你相关的东西没有什么值得你严肃对待，因为一切都取决于画家的心血来潮，他可能下一秒就会把刚画完的全部擦去。你感觉到这样的自我"去真实性"观想是多么令人心安了吗？

找到真正的安宁

如何迎接生命意志的寂灭、终极的弃绝？叔本华接下来的话或许已不再是讲给普通人听的，而是说给英雄或圣徒听的。他们是唯一到了最后有能力不仅能克服自己的痛苦——这点还在我们一般人的能力范围之内——还能达到真正的安宁，即涅槃的人。我们将试着跟随他们的脚印前行，从他们的教诲中获得一点启示。

即是说人们老是哀伤，老是怨诉，却不自振作，不上进于清心寡欲；这就把天上人间一同都丧失了，而剩留下来的就只是淡而无味的多愁善感。痛苦，唯有在进入了纯粹认识的形式，而这认识作为意志的清净剂又带来真正的清心寡欲时，才是【达到】解脱的途径，才因而是值得敬重的。（《作为意志和表象的世界》，"生命意志的肯定和否定"）

关键是压抑生命意志在我们身上表现出的各种形式。在痛苦缺席时，安宁才变得可能。面对痛苦，我们的态度一般都是拒绝的，这再正常不过，却看不到痛苦能让人大悟，看不到这样的认识甚至能够消灭我们身上的个体生命意志。意志自我消失之后，我们就能够达到"那广大无边的宁静，灵魂深深的安宁，不可动摇的自得和怡悦"，而不是"不断地从愿望过渡到恐惧，从欢愉过渡到痛苦，不是永未满足、永不死心的希望"，那使得人生成为黄粱一梦的希望。[1]

这样，所以我们看到人们在激烈的挣扎抗拒中经过了苦难继续增长的一切阶段，而陷于绝望的边缘之后，

1　《作为意志和表象的世界》，"世界作为意志再论"。

才突然转向自己的内心，认识了自己和这世界；他这整
个的人都变了样，他已超乎自己和一切痛苦之上，并且
好像是由于这些痛苦而纯洁化、圣化了似的。他在不可
剥夺的宁静、极乐和超然物外【的心境】中甘愿抛弃他
此前极激烈地追求过的一切而欣然接受死亡。这是在痛
苦起着纯化作用的炉火中突然出现了否定生命意志的纹
银，亦即出现了解脱。（《作为意志和表象的世界》，"生命意志的肯定和否
定"，第535页）

神秘主义与成圣之道

不再重视个体生命的存在是以认识到全有的深刻
统一性为前提的。一切有情，存在的一切，只有唯一
的和相同的根——生命意志。你和我不过是它所有显现
形式之一，每个人自身都是整体，这就是神秘主义的意
识。按叔本华的说法，它不是一种上帝体验，而是对自
我存在身份的意识，意识到自我存在与万物的存在或世
界的本质是一体的。

无论信奉的是什么（伊斯兰教苏菲主义者、佛教徒或基督徒），神
秘主义者深知自己不是自足的。他的生命赖以形成的存
在之根，与所有其他创造物、所有其他显现的根是同

一的。即便他消失了，支撑他生命存在的生命力将会在别处、以其他方式甚或以近乎相同的形式再次流转，如同一棵树的所有叶子，叶脉中流动着相同的元气，没有一片相同又几乎一样的叶子，落下又发出新芽，体现着生生不息的原则。

所以，我们必须放弃个体生命的存在。这是通过否定"我"和"我的"完成的，它们是痛苦之因。据说魔鬼的堕落和亚当的堕落都是因为使用"我"和"我的"。

【即认识到】我们真正的自己不仅是在自己本人中，不仅在这一个别现象中，而且也在一切有生之物中。这样，【人们】就觉得心胸扩大了，正如【人】自私自利就觉得胸怀窄狭一样。这是因为自私【心】把我们的关怀都集中在自己个体这一个别现象上，这时，认识就经常给我们指出那些不断威胁这一现象的无数危险，因而惶恐的忧虑就成为我们情绪的基调了。那么【相反】，一切有生之物，和我们本人一样，都是我们自己的本质这一认识就把我们这份关怀扩充到一切有情之上，这样就把胸怀扩大了。【……】所以就有宁静的自得的喜悦心情，那是善良的存心和无内疚的良心所带来的。(《作为意志和表象的世界》，"生命意志的肯定和否定")

世尊说："你就是这，你是所有东西。"这就是佛教中通过用普遍性的同情取代自我，从而舍弃自我，达到涅槃的法门。

在婆罗门教中，新入教者会被建议念诵一个神秘的音：唵(Oum)。反复念诵它可以让人在意识上认同于某个外物。这样的体验消除了表象和思想，被称之为"涅槃"。

这是那感到的"意识"意识到了吠陀教《邬波尼煞昙》[1]在各种讲法中特别是在下面这句话中反复说过的东西："一切无生之物总起来就是我，在我之外任何其他东西都是不存在的。这里有超然于本人的个体之上的狂喜，这就是壮美感。"(《作为意志和表象的世界》，"表象和理性原则")

通往个体意识消除的冥想，就此打开了安宁之路。

1　《邬波尼煞昙》(*Oupanishads* 或 *Upanishads*) 是印度吠陀教（原始婆罗门教）圣书的一部分。叔本华摘录的这句话出自《邬波尼昙煞》(*Oupnek'at*)，卷一。

我们经常是自己的敌人。无由的想法，浸满了不实的痛苦，无端地折磨着我们，有时只是一些负能量或者被压抑的精神活动的替身从内部啃啮着我们。因此，我们有必要对之加以净化，而冥想就是个很好的方法。

也许我们永远达不到圣境的最高层次。只有到了那个层次，人们才能心无挂碍地承受贫苦的发愿，佛陀才能对他的弟子们说："乞食去。"但即使达不到这个阶段，也许我们至少能够亲近次一级的智慧和圆满。

禁欲主义法门

禁欲主义是自我意志预先谋划的苦修。苦行者主动不做任何满足意志的事，而是什么令意志不满就做什么。他不仅仅屈服于痛苦，甚至还以自我惩罚的形式给自己施加痛苦。为了达到对痛苦全盘接受的状态，他必须受很多苦，直至听天由命，也就是说，有能力不再希望事情可以是别的样子。这样的顺从是成圣的必由之路。

因为一切痛苦，【对于意志】既是压服作用，有时导致清心寡欲的促进作用，从可能性上说【还】有着一种圣化的力量。(《作为意志和表象的世界》，"生命意志的肯定和否定")

苦行者不再害怕受苦，反而有能力满怀喜悦地接受厄运的打击。

因此，他会欢迎任何外来的，由于偶然或由于别人的恶意而加于他的痛苦；他将欣然接受任何损失，任何羞辱，任何侮慢，他把这些都当作考验他自己不再肯定意志的机会【……】。因此，他能以无限的耐心和柔顺来承受这些羞辱和痛苦，他毫无娇情地以德报怨，他既不让愤怒之火，也不让贪欲之火重新再燃烧起来。(《作为意志和表象的世界》，"生命意志的肯定和否定")

苦行主义的第一要义是禁欲，即排斥任何性行为。在叔本华眼里，有两个理由可以解释禁欲的必要。

我们在本书的第一部分已经看到任何性行为都以生孩子为目标和皈依，然而把人类从痛苦中解脱出来正是以不再繁殖为前提。因此，禁欲相对于自然加在我们身上的指令而言是一种解放。

第二条论据来自圣·奥古斯丁，叔本华曾云："肉体即淫欲。"淫欲是什么？是贪婪。它会满足于唯一的对象吗？它会想跟唯一一个身体、唯一一个灵魂结合，终身不渝吗？更有可能的是它会厌倦，当它认为已了解了得到的对象的所有后，新的征服让它兴奋、新的挑战令它激动。我们在尝到了发现一个身体的甜头后怎么可能不产生探索其他身体、在比较中提高认识的欲望呢？淫欲必然会使我们贪得无厌。斯蒂芬·维辛齐(Stephen Vizinczey)的作品《熟女颂》自1965年面世以来畅销至今，讲述了一个年轻男子与比他年长的女人寻欢作乐的故事。书里深刻地揭示了欲望的不忠。身体和灵魂的渴望推动主人公辗转于女人们之间，随着桃色情节的展开塑造了一个可笑的典型人物，反映了淫欲特有的病态——异性征服欲既停不下来，又得不到满足。这是空虚的、令人疲惫的、荒谬的占有欲，还是摆脱任何形式的贪婪？

这一建议同样与苦行主义的第二个要义有关：自愿受穷。这意味着摆脱物质财富。占有财富只是贪婪的另一种形式。占有物质财富带来的快乐是虚幻的，最好放弃它，像个"穷人"一样活着。只需看看各种宗教中对富人的描述就能明白他们在生活中摆错了位置，他们同时被贪婪和吝啬所蒙蔽。这些人整日活在惶恐和担忧之中，因为他们的价值与他们拥有的东西成正比。为了不失去他们的财产，他们是多么焦虑啊！如果他们拥有的少了，他们又多么害怕存在感变弱！真是一刻也不得安宁！作为对比，叔本华引用了基督教的信条：把你的衬衫给要它的人！要能做到放弃一切，因为他，就是我，而我，就是他。真正的财富不是物质的，一件衬衫算什么呢！

贫苦和禁欲的心愿在弃绝无法餍足的欲望方面殊途同归，都是为了得到灵魂的平静。

寂静主义[1]法门

寂静主义可定义为放弃一切意志。如果意志化身为欲望，我们就明白了放弃欲望的必要性，只是此处谈到的寂静主义走得更远。通过放弃意欲，我们究竟放弃了什么呢？

我们放弃了全能的无意识欲望。意志以肯定自我为前提，而肯定自我则意味着相信我们能够按自己的意愿改变世界秩序，全能的谵妄即从此开始。意志是

---

1 该词源于拉丁语的 *quietus*，意为"安静的"。寂静主义起初是一个基督教神秘主义教派，17世纪时由米盖尔·德·莫里诺斯（Miguel de Molinos）创建，目的是通过被动和纯粹静观的状态获得完满。

无理性的，因为它无所不是，而作为意志显现的个体则想得到一切，使自己的个体性受益。他怎么可能有另外的选择？

就这方面说，认识自己的存心，认识自己每一种才具及其固定不变的限度乃是获得最大可能的自慰的一条最可靠的途径。因为不论是就内在情况或外在情况说，除了完全确知哪是无可改变的必然性之外，我们再也没有更有效的安慰了。【……】从这种观点出发，一切偶然机缘都现为支配【一切】命运的一些工具，而我们就随而把这已发生自己身上的坏事看作是由于内外情况的冲突无可避免地引将来的，而这就是宿命论。(《作为意志和表象的世界》，"生命意志的肯定和否定"。)

这样的思考看起来古已有之，因为斯多葛主义者已经建议区分什么取决于"我"和什么不取决于"我"。后一个范畴应该包括世界的一切偶然机缘，比如自然灾害或武装干涉。所以，它既包括外部事件，也包括身体疾病或者别人对我们的评价，这些都是命运、宿命的事实。在什么取决于"我"和什么不取决于"我"之间进行的区分有助于我们不犯下渴望得到属于第二范畴的对象或者事件的错误，因为我们如果不能因此得到满足就会失望。但其最为有用之处在于，让我们摆脱了这种错误的观念，即不管好的坏的，发生在我们身上的一切都是我们应得的。这样的观念意味着生活会回报我们的努力，惩罚我们的软弱。当我们认为应得的东西没有得到，这种论调就会让我们觉得非常不幸。

比如，你的老板欣不欣赏你就不取决于你。当然，你会嚷嚷说，如果你工作干得很棒，如果你准时、可靠、敏锐，这些只会有助于让他对你有个肯定的评价。可是，没什么比这更不靠谱的了。首先，他可能头脑迟钝，根本就不会注意到你的这些优点；其次，他可能在你发表看法的方式中看到不是有用的敏锐，而是讨厌人的一丝傲慢，或者相反，是一种好欺负的温顺。不管你做出什么努力都无法影响他对你的看法。最经常的情况是，这取决于你控制范围之外的外部因素：他人的心机，他的情绪、潜意识里的印象、观念联想，等等。所以，他人对你会有什么看法并不取决于你，特别是不取决于你的个人成绩。所以，还是别瞎操心了！

跟我们相关的大多数事情也不取决于我们，如就业市场、天气、遇到贵人还是冤家等等。我们应该平静地接受，当成老天的安排。寂静主义的开端在于进行这个练习：放弃欲求不取决于我们，淡定地、波澜不惊地把临头的事当作考验欣然接受。

不过，赌注却不小，更别说我们生活的社会总是心照不宣地鼓励我们另作他想。它处处刺激我们身上的全能谵妄。人们让个人相信生活的成功取决于他的成绩，他的主动性，以及他的意志。过去，宗教规定什么可以做、什么不可以做，所以我们能够冒着体验罪感的危险去做禁止的事。今天，这一规范性秩序过于模糊了，禁忌可以通过有效的个人策略去规避。不过，我们失去了罪感，赢得了缺陷感。当我们没有得到想要的结果，我们还有犯错的感觉时，还是"缺点"。我们没有获得想要的结果是缺少能力，不够机灵，不够敏锐，不够勇敢，等等。生个病就觉得自己罪孽深重，因为这么好的卫生条件我怎么还能得病呢？我们惧怕平庸的命运，因为所有的海妖都低声对我们说，把我们自己提升到某个令人艳羡的位置都取决于自己。

然而，这些想法只会制造不幸，总是在犯错、无能，低于期望值的感觉让人无法承受。在《厌倦自我》一书中，法国科学研究中心 (CNRS) 社会学家阿兰·埃亨伯格 (Alain Ehrenberg) 把这种感觉描述为个人在一个崇拜成就的社会中的抑郁症。

肯定自我、个体、个人意志的好处，与需要付出的代价相比少得可怜。若我们明智地审视肯定自我带来的伤害，那么放弃个体性才能带来安慰和平静。让我们放弃意志无尽的要求，学会践行寂静主义、观望主义，最终找到真正的安宁吧。

哲学—行动

1. 选择一件近期令你痛苦的事。试着理清导致痛苦的原因在多大程度上不是你能控制的、跟你没有任何关系、和你的价值无关。这样的思考不是会让你感到深深的平静吗？

2. 试着去想象，你可以过极简生活，大部分想要的物品都多余，也不再想要拥有新的东西。这样的"苦行"难道不会带来一定的内心宁静吗？

3. 某种场合 (约会，开会……) 会带来压力，是什么让你紧张呢？一般而言，是你自己给自己施加的压力造成的：要干得漂亮，要显出水平。你做事就像在接受考验，所以一丁点儿事就会让生活变得像打仗一样。

下一次有事让你紧张的时候，试着对自己说没有什么好期待的。你为了要郑重其事、干得漂亮所投入的精力无论如何都会让你品尝到灰烬的滋味，能量代价总是比收益或乐趣更多。保持冷静，始终清醒。列出所有糟糕的结果和不足。这样想的明智之处（"会搞砸的"）在于不抱期望，放下取悦于人的责任，因为想要不惜一切代价规避失败正是压力之源，最好接受它的潜在性！不要在事情中掺杂过多的"我"，觉得自己应该光彩熠熠。

4. 当有些想法让你不断感到痛苦时，稍停片刻，静静地面对它们，就像一个睿智的老师面对糊涂的学生，努力厘清这些想法中是什么令你受伤，要认识到都是些"鸡毛蒜皮的小事"在影响着你。这样思考问题直到你的想法消散，因为你已经认识到它们的无常。品尝冥想令人平静的效力。

5. 我们在自我的能动主义中忘记了静观的好处。享受一缕阳光，停下脚步让光线照在你的脸上。感受它在你皮肤上的热力。让你的意识变成世界的弥散性意识——一种模糊的、整体的意识，感受这真正宁静的源头，增加这样的时刻。

6. 通常我们相信身不由己，我们必须行动，欲望安排现实，赋予它方向。一旦你有机会这样做，不管是一场会议，还是一次约会或一个意外情况，不要马上介入，按照你的意志安排一切，要顺其自然。保持你的内在平静。除了要求你必须做的（发言，伸手），不要投入更多，不要尝试把握事情的走向。你这就是在践行寂静主义。你难道不觉得这样节省精力让你内心深处倍感充实吗？

生平

介绍

尼采在《善恶的彼岸》中写道："我逐渐发现迄今为止的任何一种伟大哲学都是其创立者的自白书，一种不自觉的、无意识的自传。"这一说法虽然存有争议，不过在叔本华的传记中确实能够发现大量构成其哲学基础的因素。

阿图尔·叔本华，1788年2月22日在但泽[1]（Dantzig）出生。他是一场没有爱情的婚姻的长子。他母亲约翰娜·特罗西纳，和祖上来自荷兰的富商弗洛里斯·叔本华缔结了金钱婚姻。约翰娜在婚姻中感到无聊透顶，直到成为寡妇才真正过上自己想要的生活。她酷爱社交活动，呼朋唤友，是一位作家。叔本华的父亲在一段时期表现出无法解释的粗暴、狂躁，另一段时期又陷入抑郁和孤独症，发作时，连朋友都认不出。叔本华，就像其哲学所主张的那样，从母亲那里继承了智力，她很早就引导他学习知识、阅读和写作。而既性格阴郁、性情暴躁、抑郁焦虑又坚定、冷静的父亲在他身上打下了冷静、粗暴的印记。

---

1 现波兰格但斯克，当时为自由市，普鲁士、沙俄、哈布斯堡王朝都想据为己有，1793年被普鲁士吞并。——译者

　　十岁时，叔本华被送到法国勒阿弗尔[1]一户人家[2]住了两年时间，好让他通过阅读世界这部大书获得教育。十五岁时，父亲为了阻扰他对古典研究的志趣，更为了鼓励他以后继承自己的商业事业，向他提出了以下条件：要么他继续高中学业，以后成为教授；要么他和全家一起用几年时间游遍欧洲，条件是旅行结束后，他承诺学习商业。自然地，1803年5月5日，叔本华一家（阿图尔，他父母，还有他六岁的妹妹阿黛勒[3]）开始了旅程，首站荷兰。小叔本华在日记中记载了这次旅行。他们遍游英国、法国，参观了巴黎、波尔多和土伦苦役犯监狱等地。一幕幕人类苦难还有大人世界的无聊——他们对娱乐活动都提不起兴致——给年幼的叔本华留下了深刻印象。只有瑞士的群山带给他的宁静似乎能够安慰人世的痛苦。在现实面前目瞪口呆的叔本华发现了自己身上的哲学志向："当我十七岁的时候，没有接受任何合适的学校教育，我遭受到人生的不幸和惨痛的

1　　勒阿弗尔（Le Havre）是法国北部诺曼底地区仅次于鲁昂的第二大城市，位于塞纳河河口，濒临英吉利海峡，以其"巴黎外港"的重要航运地位而著称。它是法国海岸线上横渡大西洋航线的远洋船舶停靠的欧洲第一站，也是离开欧洲前的最后经停港。——译者注

2　　指格雷茹瓦·德·布莱希梅尔（Grégoire de Blésimaire）一家，是其父在法国的生意伙伴之一。——译者注

3　　据《叔本华评传》（美）彼得·刘易斯 著，沈占春 译，阿黛勒并未参加这次家庭之旅，她在旅程开始之前被送到了但泽的外公家里。——译者

影响，如同释迦牟尼在年轻时发现了疾病、衰老和死亡的存在。"[1]

父亲在叔本华十八岁时死了，人们在他家库房后面的运河里找到了尸体。最可能的假设是自杀，因为他正处在抑郁症发作期，极其焦虑，满脑子都是自杀念头。然后，叔本华虽然十分抗拒，也不得不加入母亲突然的自由生活。她马上利用其孀居的便利，开始了一直梦想着的生活：她把家搬到了魏玛，并开设了一个沙龙。年轻的叔本华面临如下的良心困境：继续完成父亲的遗愿，还是背弃自己的承诺，抛下让他无聊的商业"学者"的生涯（医学优先，哲学其次）。后来，他像母亲一样选择了个人的发展，成为哲学家。

这并不妨碍他对母亲寻欢作乐的做派极度厌恶，他的厌女症或许由此而来。只需读一下《论女人》就不难在字里行间辨识出叔本华对母亲新生活的含沙射影。但是叔本华正是在母亲影响力不断上升的沙龙上结识了歌德[2]和迈

1　《遗稿》，第4卷，第119页。

2　歌德对叔本华的《作为意志和表象的世界》非常欣赏，曾特意写信给他的妹妹阿黛勒，让她转达对作者的感谢。——译者

耶[1]（Maier）。后者引导叔本华初次接触到佛教和《吠陀》[2]（当时少有人知），这些发现对其哲学的诞生至关重要。

但是，叔本华的母亲无法忍受儿子批评一切、总挑衅她的客人，以及对她毫不掩饰的鄙夷。她勒令他不得再参加她的晚会，后来又把他赶出了家门，因为他竟然要求她赶走自己的情人。母子俩最终决裂是在1814年，他们后来的联系几乎只靠书信。约翰娜死于1838年。死前，她剥夺了儿子的继承权。

年轻的叔本华良好的女人缘也无法修复一个不被爱的儿子的感情。一方面是性方面的压力，另一方面他又极其多疑。叔本华一生中只有过几段短暂的爱情经历或者逢场作戏。晚年，他当着学生的面，为自己从未结婚感到庆幸。

至于他寄予厚望的学术上的成功，也姗姗来迟。尽管在二十八岁的年纪，他已经完成了首部重要著作——《作为意志和表象的世界》，可是书却没卖出去，没有读者。大学里的教书生涯亦一败涂地。出于固执和自负，他

1　弗里德里希·迈耶，东方学学者。——译者

2　印度教圣书总集，共有四部：《梨俱吠陀》《娑摩吠陀》《耶柔吠陀》和《阿达婆吠陀》。

曾选择和对头黑格尔同一时间上课，结果后者的阶梯教室座无虚席，而他则被迫对着几乎无人的教室夸夸其谈。由于继承了父亲的部分遗产而且很善于理财，叔本华仍然可以到处旅行，不依赖任何大学或出版社而生活，同时观察着他的同代人。尽管他对工人们恶劣的生产条件（他在书中影射过）有所意识，但由于他性格上对暴力和无序的恐惧使得他在1848年欧洲革命中选择了反革命立场——这真是良心在人的性格面前的失败！此外，他在遗嘱中把所有财产都留给了在革命起义中死亡或残疾的士兵家庭的救助协会。

他的声望终于在1851年随着《附录和补遗》的发表到来。这本书比《作为意志和表象的世界》更易懂，更贴近现实。崇拜者蜂拥而至前来拜访。他和其中一些人交往，却拒绝了理查德·瓦格纳的造访，而且直到最后都没有改变他非常规律的作息（他以午饭前一定要吹奏十五分钟长笛和与其狮子狗的孤独散步而闻名）。

叔本华在一个周五的早晨去世，那天是1860年9月21日。他坐在沙发上离去，脸上没有流露一丝痛苦。

阅读

指南

《作为意志和表象的世界》，A.布罗（Bureau）译，PUF出版社，1966年。

该书为叔本华的主要著作。你可以在这本书的第四部分及其增补中获益良多。作者在这部分内容里以通俗易懂的方式表达了他对于生活中的痛苦的认识。"论生活的虚无和痛苦"一章值得重点阅读。叔本华非常有名的两章也在本书中——"性爱的形而上学"和"论死亡及其与我们的自在本质不灭性的关系"，后一章有时也被叫作"死亡的形而上学"。

《附录和补遗》，J.-P.杰克森（Jackson）译，Coda出版社，2005年。

书名本义为"第二著作"和"冗言"。这本著作号称是一种"世界哲学"，在更现实的维度上探讨了一些反传统的话题：显圣，通灵，等等。很多当下出版的叔本华随笔都有该书的摘录。让你开卷有益的有如下章节："生存空虚学说的几点补充""世界痛苦学说的几点补充""论我们的真正本质并不会因死亡而消亡"，以及著名的"人生的智慧"。

《道德的基础》，A.比尔多（Burdeau）译，"口袋书"出版社，1991年。

作者在这一著作中探寻道德学的基础并以非常引人入胜的方式对比了几种可能的原则，最终证明只有同情才能激发人们的善行。

《世界的痛苦：思想与片段》，J.布尔多（Bourdeau）译，Rivages poche出版社，1990年。

该书是由叔本华著作摘录构成的，是了解叔本华哲学风格和调性的绝佳入门读物。不过，它语录式的呈现方式不能替代对上文建议的完整章节的阅读。因为在那些章节中，作者不满足于输出格言警句，而是展开他的长篇大论，非常值得深入阅读。

《叔本华》，迪迪埃·雷蒙 (Didier Raymond) 著，门槛 (Seuil) 出版社，1995 年。

这是最早记述叔本华生活的著作，书中配有丰富的插图、照片。该书从厌倦入手解读叔本华的著作。解读漂亮、机智，适合对厌倦问题感兴趣的读者。

《叔本华》，爱德华·桑斯 (Édouard Sans) 著，"我知道什么"丛书，1990 年。

本书阐明了各种概念。不过不容易读懂，需要一定的抽象能力，因为它在形式上非常综合。

《叔本华和哲学的疯狂年代》，吕迪格·萨弗朗斯基 (Rüdiger Safranski) 著，PUF 出版社，H. 伊尔登布朗 (Hildenbrand) 译，1990 年。

这是一部令人愉悦的作品，讲述了叔本华曲折动荡的一生，带领我们穿越时代的哲学背景去发现叔本华的思想。你可以在书中找到一些粗犷的轶事和令人惊喜的思考。

图书在版编目（CIP）数据

与叔本华一起穿越痛苦 /（法）塞利娜·贝洛克著；秦庆林译 .—上海：上海三联书店，2023.5
ISBN 978-7-5426-8011-2

I.①与… Ⅱ.①塞…②秦… Ⅲ.①叔本华（Schopenhauer, Arthur 1788–1860）– 哲学思想 – 研究
IV.① B516.41

中国国家版本馆 CIP 数据核字 (2023) 第 027088 号

Lâcher prise avec Schopenhauer © 2011, 2019 Editions Eyrolles, Paris, France.
This Simplified Chinese edition is published by arrangement with Editions Eyrolles, Paris, France, through DAKAI - L'AGENCE.
著作权合同登记 图字：09-2023-0017

与叔本华一起穿越痛苦

著　　者	[法]塞利娜·贝洛克
译　　者	秦庆林
总 策 划	李　娟
策划编辑	李文彬
责任编辑	宋寅悦
营销编辑	陶　琳
装帧设计	潘振宇
封面插画	潘若霓
监　　制	姚　军
责任校对	王凌霄

出版发行　**上海三联书店**
　　　　　（200030）中国上海市漕溪北路331号A座6楼
邮　　箱　sdxsanlian@sina.com
邮购电话　021–22895540
印　　刷　北京盛通印刷股份有限公司

版　　次　2023年5月第1版
印　　次　2023年5月第1次印刷
开　　本　787mm×1092mm　1/32
字　　数　100千字
印　　张　6.25
书　　号　ISBN 978-7-5426-8011-2/B·818
定　　价　54.00元

敬启读者，如发现本书有印装质量问题，请与印刷厂联系15901363985

人啊，认识你自己！